自然言語処理の教科書

Textbook of
Natural Language Processing

小町守 =著
Mamoru KOMACHI

技術評論社

● **本書のWebページ**

本書の内容に関する訂正情報や更新情報は、下記の書籍Webページに
掲載いたします。

https://gihyo.jp/book/2024/978-4-297-13863-9

■ **免責**

● **記載内容について**

本書に記載された内容は、情報の提供だけを目的としています。した
がって、本書を用いた運用は、必ずお客様自身の責任と判断によって
行ってください。これらの情報の運用の結果について、技術評論社およ
び著者はいかなる責任も負いません。

本書に記載がない限り、2024年3月現在の情報ですので、ご利用時に
は変更されている場合もあります。以上の注意事項をご承諾いただいた
上で、本書をご利用願います。これらの注意事項をお読みいただかずに
お問い合わせいただいても、技術評論社および著者は対処しかねます。
あらかじめ、ご承知おきください。

● **商標、登録商標について**

本書に登場する製品名などは、一般に各社の登録商標または商標です。
なお、本文中に ™、® などのマークは省略しているものもあります。

はじめに

　2012年以降、深層学習の登場によって人工知能分野の技術が広く注目されています。この10年、自然言語処理も大きく変わりました。ルールベースの処理から統計的手法の時代、そして機械学習から深層学習全盛期へと、時代に合わせて自然言語処理の技術も進化・発展しています。

　しかしながら、どの時代の自然言語処理でも必要となる知識や技術があります。この数年で新しく生まれた手法のほとんどは、今後数年でさらに新しい手法にとって代わられるでしょう。一方、10年前にも有効で現在も使える手法は、恐らく10年後にも生き残っているでしょう。

　本書は、時代によってすぐに陳腐化しないような技術に焦点を当て、息長く自然言語処理と付き合っていくための羅針盤となることを目指します。個々の手法をどのように目の前の問題に適用すればよいか、あるいは一長一短ある手法の中からどれを選べばよいのか、という考え方が身につくことを期待しています。

　本書の特徴として、実際に自然言語処理を使うときによく出会うユースケースを取り上げ、どのような方針で設計するか、ということにフォーカスします。また、辞書やコーパスのような言語資源の作成・メンテナンスは、最新の解析手法を使うことよりもはるかに効果が高いことが往々にしてあります。しかし、言語資源の構築に関する方法論はあまり一般的には知られていません。そこで、解析手法だけでなく、辞書やコーパスを自ら構築する方法についても紹介します。

　本書がみなさんにとって、自然言語処理という言語にまつわる刺激的な分野に飛び込むきっかけと、困ったときに何回も読み返すような「教科書」になると嬉しいです。

対象読者

本書は、自然言語処理に関する初歩的な（あまり類書では語られない）内容について解説することを目指しています。すでに座学として自然言語処理に関するテキストやブログを少し読み、用語や知識はなんとなく知っているが、それをどのように実際のプロジェクトに活用すればよいかわからない、という人をターゲットにしています。そのため、「自然言語処理を使わないと解決できないような問題に直面しているが、質問できる人が近くにいない」という人に役立ちます。具体的には、自然言語処理関係の開発案件にかかわることになった新人ソフトウェアエンジニア、あるいはデータサイエンティストを想定読者とします。さらに、これから自然言語処理の研究をしようという学部生・大学院生にも参考になるでしょう。ただし、本書は開発に関するハンドブックになることを目指しているので、研究に興味があるという人は、放送大学の教科書『自然言語処理〔三訂版〕』（放送大学教育振興会, 2023）または『IT Text 自然言語処理の基礎』（オーム社, 2022）をお読みください。

本書は数学の基礎知識は前提としませんが、プログラミングの基礎知識のない人については、本書はターゲットにしていません。プログラミングや数学の知識がない人でも読めるよう、できる限り数式を使わず解説することを心がけた、『自然言語処理の基本と技術』（翔泳社, 2016）をご覧いただければ幸いです。『自然言語処理の基本と技術』では、私は全体の構成や目次を決める部分に監修としてかかわりました。こちらは深層学習が一般的になる直前に書かれた本ですが、実用的なアプリケーションから逆算して解説するという方針で執筆されたので、同書で書かれている内容は、現在もほとんど変わっていません。

筆者は2013年に首都大学東京（現東京都立大学）で自然言語処理の研究室を立ち上げたときから、研究室に来る学生には次のように言っています。

> うちの研究室では、自然言語処理の基礎から応用まで全部をできるようになることを目指します。
> 大企業では目の前の特定の問題を解くだけのような働き方でも

きますが、スタートアップや中小企業で自然言語処理の仕事をする場合、自分が会社の中で一番自然言語処理に詳しい人である、というようなケースも往々にしてあります。

そういうケースでも、自ら開発の方針を決め、チームを編成して先に進んでいける、たとえるなら、無医村に一人で飛び込んでなんでも見る医師のような、そういう人になってほしいと思っています。

本書が、自然言語処理プロジェクトを前に一人で孤軍奮闘している人の助けになることを願っています。

本書の読み方

本書は、どこからでも読めるようになっています。具体的な解きたいタスクがあるときは、それぞれのシステムの作り方について解説している章を見ていただくとよいでしょう。特に念頭に置いているタスクがない場合は、最初から順番に読んでいただくのがわかりやすいです。また、他の本には書いていないことをまず読みたい、という人は、**言語資源のつくり方について**の章から読むと楽しめると思います。

私自身が論文や本を読むときは、「はじめに」あるいはアブストラクトをまず読み、次に「おわりに」または結論の前後をざっと見ます。そして、興味があったら本文をパラパラとめくって、図表とそのキャプションを眺めてみます。そこまで見て、これはちゃんと読んだほうがよさそうだぞ、と思った場合に限り、しっかり先頭から読むことにしています。私が論文を書くときも、読者は丁寧には読んでくれない（筆者が読んでほしい順番ではなく、読者が読みたい順番で読む）、という気持ちで書いています。本書も、みなさんが好きなように読んでいただければ幸いです。

サポート

　本書は、内容がすぐに陳腐化しないように、プログラムの実行例はできるだけGoogle Colab や GitHubで公開する方針です。

　サポートページは次のGitHubです。GitHubのほうに最新のGoogle Colabへのリンクも記載します。

https://github.com/mamorlis/nlpbook

　Google Colab は内部のライブラリのバージョンが自動で更新されるので、ときどき公開しているソースコード（ノートブック）が動かなくなっていることがあります。GitHub の情報は最新に追従するようにしているので、お気づきの点ありましたらお気軽にご連絡ください。

謝辞

　本書のドラフトは東京都立大学システムデザイン研究科の授業「自然言語処理特論」、東京都立大学システムデザイン学部の授業「自然言語処理」および津田塾大学学芸学部の授業「自然言語処理」の授業で使用し、改訂しています。本書をよりよいものにするために付き合ってくれたみなさんに感謝いたします。

　また、個人的に本書のドラフトに対してコメントをいただいた方々にも感謝します。全体を通して丁寧に見ていただいた、三田雅人さん、小林のぞみさん、岡照晃さん、欅惇志さん、古宮嘉那子さん、ありがとうございました。

　多くの方々にご協力していただいた本で、ベストエフォートで執筆しましたが、なお本書に残る誤字・脱字・事実誤認などの瑕疵はすべて筆者に帰するものです。お気づきの点ありましたら、筆者までご連絡いただければ幸いです。

目 次

第 **4** 章

言語生成問題の解き方

121

第 **5** 章
言語資源の
つくり方
171

## 第 1 章

自然言語処理
システムのデザイン

本章では自然言語処理のシステムを作ること
になった場合、どのような点に注意して作成
すべきか、ということについて述べます。
ステップ・バイ・ステップで流れを追うので、
本章を理解することで、自然言語処理システム
の全体像を把握することができます。
本章と第5章が本書の屋台骨となる2つの章
です。

1-1 入力と出力を決定する

　自然言語処理のシステムをまっさらな状態から作るとき、まず確認すべきことは**タスク**（task）です。タスクとは、何が入力で何が出力であるか、を規定するものです。どのように解くか、ということを最初から気にする人が多いのですが、それとは別に、そもそも何が入力で、どのような出力が期待されているのか、というのを真っ先に確認すべきです。ここでいう入力と出力とは、自然言語処理システムとやりとりするデータのフォーマットのことを指します。

図1.1 自然言語処理におけるタスクの例

　図1.1に自然言語処理におけるタスクの例を挙げました。これらのタスクはすべて入力がテキスト（自然言語）であり、出力がテキストであるタスク（機械翻訳と単語分割）と出力がテキストではないタスク（文書分類と品質推定）に分かれます。機械翻訳は入力のテキストをまったく異なるテキストに置き換えるタスクで、単語分割は入力のテキストの情報はそのままで、追加の情報を付与するタスクという違いがあります。文書分類は出力のラベルの間に必ずしも明確な関係がないタスクで、品質推定は出力のスコアの間に何らかの関係があるタスクです。

　なぜこれが重要かというと、システムとして最終的にほしい出力があるのに、入力に出力を得るために重要な情報が入っておらず、与えられた入力だけからは、所望の出力は得られない場合があるのです。例えば、スパムかどうかのラベルを当てたいのに、メールの本文のテキストだけが与えられていて、テキストだけからスパムかどうかを予測してください、という状況です。メールのスパム分類には、メールのヘッダに入っているメタ情報、特にどのサーバから送信されたか（スパムを大量に送るためのサーバがあります）の情報がクリティカルで、テキストは送信側でいくらでも偽装できますが、サーバの経路情報は偽装できないので、これを使うと高精度に分類できることが多いです。こういうときは、まずメタ情報のように分類に重要な情報を入力側で取得・抽出する必要があります。

　タスクが明確になってきたら、すでに研究的に議論されている関連タスクがないか？　ということを確認しましょう。場合によっては、自らすべてのデータを用意してラベルをつける必要はなく、既存のデータとラベルがそのまま使える場合もありますし、あるいはラベルは再定義する必要があっても、データは流用できることもあります。既存のタスクとの共通点・相違点を意識することで、システムの独自性もはっきりしてきます。

　また、解きたいタスクに使えそうなデータがあっても、ライセンス的に研究目的のみ利用可で、商用目的では利用不可のこともあります。タスクに合わせてデータを自分で作るという選択肢を考慮しない場合、手元にある（あるいは入手できる）データに付与されている情報が何かで、何が研究・開発できるかが決まってしまいます。例えば、機械学習を用いて問題を解こう、とするのであれば、関係する部署に根回ししてほしい情報が含まれたログを取得しておいてもらう、というようなことが必要な場合もあるのです[*1]。

　そして、タスクと同時に確認しておくべきことは、最終的な目標をどこにおくか、ということです。プロジェクトの初期段階から、所望の出力がわかっている、というケースは必ずしも多くはないのですが、議論

---

*1　技術的な問題というよりも政治的な問題、開発力より段取り力や交渉力が重要になることも往々にしてあります。

をすり合わせていく過程で、どこがゴールになっているのか、ということはどこかの段階では固める必要があります。ここが固まっていないと、プロジェクトが進行するにつれて初期に作成したデータと後期に作成したデータで性質が変わっていることがあり、せっかく作成したデータも大半を捨てるか、あるいは結局すべて見直したりしないといけない羽目になります。別の言い方をすると、最終目標を達成するために満たすべき最低要件（must-have）は何か、どこからがあったら嬉しい要件（nice-to-have）か、ということを明確にするとよいです。

　大学で研究するときは、先輩が残した秘伝のデータ（卒業論文や修士論文を書く過程で作られたデータ）を使う場合もあるので、プロジェクトのゴールは研究室の指導教員がしっかりコントロールすべきです。しかし、データが必ずしも適切に管理されていない場合があり、質・量ともに不十分なデータのまま研究を進めてしまっていることがあります。論文をまとめる段階になって「あれ、これはおかしいぞ？」とならないために、大規模な実験をする前にタスクをしっかり確認しておきましょう。

1-2 アプローチ：どのように解くか決定する

　タスクが決まれば、次はどのような**アプローチ**（approach）で解くかを検討します。タスクごとに、目的ごとにどのように解くのがよいのかは異なります。図1.2に示すように、アプローチは、トータルでは4種類あります。大きく分けると、知識に基づくアプローチ（ルールベース）かデータに基づくアプローチ（統計ベース・機械学習ベース・深層学習ベース）の2つになります。

1. ルールベース
2. 統計ベース
3. 機械学習ベース
4. 深層学習ベース

　本書を手に取る人は、データを見るよりコードを書くほうが好き、コードで解決したい、すべて機械学習・深層学習でやりたい、という人

が多いのではないかと思いますが、実は機械学習・深層学習は必ずしも常に最適解というわけではなく、いくつかあるアプローチの中の1つにすぎません。タスクや目的によって最適なアプローチは異なるので、タスクや手元にあるデータごとにその都度適切な手法を選択する必要があります。そのためには、それぞれのアプローチの特性や利点・欠点を知っておいたほうがよいでしょう。

　よくあるのは、とりあえず今あるデータでざっくりどんな感じかやってみてよ、その結果で議論しよう、というようなパターンで、この場合は先ほどの4つの中でどれが一番（その人にとって）楽か、で選択すればよいでしょう。必ずしもプログラミングが得意ではない場合は、まず人手あるいはルールベースや統計ベースでやるのもよいでしょうし、逆にプログラムを書くほうが楽な人は、機械学習や深層学習ベースでやるのがよいでしょう。後述するように、深層学習ベースでも**大規模言語モデル**（LLMs：Large Language Models）にプロンプトと呼ばれる言語で操作することで、プログラムを一から書かずにちょっと試して感触を掴む、というようなこともできるかもしれません。

図1.2 ルールベース、統計ベース、機械学習ベース、深層学習ベースのアプローチ

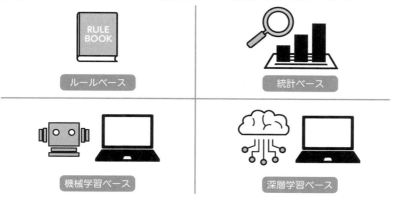

　それぞれのアプローチについて、次に述べます。

1-2-1 | ルールベース

　まず、**ルールベース**の手法（rule-based approach）です。ルールベースの手法では、入力をどのように出力に変換するのか、といったルールを記述することで、処理を行います。入力を処理するために辞書のような外部リソースを用いることもあれば、ルールがすべてプログラムの中に埋め込まれていることもあります[*2]。

　最もよくあるのは、**正規表現**（regular expression）を用いてキーワードマッチを行うようなシステムです。この場合、何がどのようにマッチするのかを制御したり理解したりすることは容易である、といった特長があります[*3]。うまくいく場合だけでなく、うまくいかない場合もひとつひとつルールを追って理由を確認できるので、対処方法を考えるのが容易なのが大きな利点です。

　一方、ルールベースの手法の弱点は、ルールを記述できるほどタスクに詳しくない場合や、そもそもルールの形で書き下すことができないようなタスクの場合、用いることが困難である、という点が挙げられます。前者の典型例は、ファッションに詳しくないがファッション関係の固有表現認識器を作る仕事を担当することになった、というようなケースで、何が服の名前で何がデザイン名、ブランド名かもわからないと、それぞれを抽出するルールを書くのは難しいです。後者の典型例は機械翻訳で、自然言語処理の歴史を紐解くと、最初は辞書とルールの整備でできるだろうと研究がスタートしましたが、辞書とルールをいくら人手で整備してもキリがなく、現在は統計的機械翻訳やニューラル機械翻訳にとって代わられました。また、既存のルールベースの手法を引き継いでメンテナンスするとき、挙動をちゃんと理解していないとメンテナンスが難しい点や、ルールベースの手法で記述されているルールが巨大で複雑になった場合[*4]、意図しない挙動を見つけてもそれの修正が困難である、といった点があります。

　[*2]　例えば、日本語の構文解析器のKNPにはルールがS式の形で記述されています。GitHubにあるソースコードを見ると、KNPの作者の一人である黒橋先生のコメントも残されていたりします。

　[*3]　正規表現チェッカーを使って意図通りマッチしているかどうか確認しながら書くと、間違いにくいです。

1-2-2 統計ベース

　次に、**統計ベース**の手法（statistical approach）について述べます。統計ベースの手法では、人手で試行錯誤しながらルールや知識を構築するルールベースの手法から一歩進み、手元にあるデータから何らかの統計量を抽出して自動的に知識を獲得し、処理を行います。例えば、単語同士の共起頻度をデータから計算し、適当な閾値以上の共起頻度の単語を抜き出したり、時系列のデータの中から相対頻度がある一定値以上を超えたものを異常値として検出する、といったような手法です。

　統計ベースの手法は、ルールベースほど単純ではありませんが、データから自動的に抽出される知識を用いた処理ができるため、手元に大量のデータがある場合には強力な手法になり得ます。また、大量のデータがあったとしても、基本的には頻度に基づく単純な処理によって実現することが可能なので、計算が軽く（あるいは重たい処理があっても分散処理により高速化が可能で）、結果の理解もしやすい、といった利点があります。

　しかしながら、統計ベースの手法の欠点としては、解きたいタスクが明確にわかっていてもそのタスクを直接解くことができない（そのタスクの自動評価尺度に合わせて最適化することができない）、というのが一番の問題として挙げられます。具体的には、機械翻訳タスクで翻訳精度を上げたいと思っても、翻訳の自動評価尺度[*5]を上げるような調整をしたりするのが難しい、ということです。また、基本的には頻度プラスアルファの計算しかしないので、機械翻訳のように入力や出力に構造があるようなタスク[*6]では、メインに用いることも難しいです（素性として補助的に用いることは広くあります）。

[*4]　例えば、前述の機械翻訳では、大規模なルールベースのシステムは翻訳エラーに気がついても、どのようなルールを追加すれば、副作用なく全体の翻訳精度を向上させることができるか、ということがわからないため、メンテナンスが困難になってしまった、という話があります。

[*5]　例えば、BLEU（https://github.com/mjpost/sacrebleu/）やCOMET（https://unbabel.github.io/COMET/）が最近は使われています。

[*6]　自然言語処理のほとんどのタスクは、文法のような言語における構造を考慮する必要があります。もっとも、深層学習の登場により、その必要性に疑問符がつきつつある時代でもありますが……。

1-2-3 | 機械学習ベース

機械学習ベースの手法（machine learning-based approach）はルールベース、統計ベースとはアプローチがまったく異なります。深層学習は機械学習の一分野であり、深層学習ベースは機械学習ベースの1つと見なすことができるので、共通する点が多くあります。

機械学習ベースの手法、特に自然言語処理で頻繁に使われる**教師あり学習**（supervised learning）では、入力に関して理想的な出力（**正解データ**）を複数用意し、そこから自動的に入力を出力へと変換する方法を学習します。

分類や解析を行うために学習された変換器のことを**モデル**（model）と言います。それぞれを行うツールのことは分類器、解析器[*7]などと呼びます。機械学習を用いる手法は、データを用いて帰納的に自動処理の方法を発見する、ということに相当します。

Column

モデルというのは自然言語処理でしばしば登場する専門用語です。言語モデル、翻訳モデル、生成モデル、識別モデル、などなど、いろいろなモデルがありますが、初めて自然言語処理の分野に来た人にはわかりにくい概念であることも事実です。

本書では、まずタスクは何かを理解することが重要である、ということを強調していますが、モデルというのはこのタスクにおける入力と出力をつなぐもの、と理解してもらえるとよいです。タスクの定義の中には、入力から出力をどのように得るのか、どのようなアプローチで解くのか、ということは一切入りません。それらはすべてモデルの役目なのです。

では、モデルは具体的にはどのようにして入力から出力を得るのでしょうか？ それは、モデルごとに異なります。モデルは入力 x を引数にとって出力 y を返すような複雑で巨大な関数であって、どのようにその関数が実装されているかはモデルごとに異なります。また、その関数には多くの重み**パラメータ**（parameter；変数）があり、最適な出力 y を得るために適したパラメータを教師データを用いて決定するのです。そして、教師データだけでは決まらないモデルの挙動を決める**ハイパーパラメータ**（hyper-parameter）というものも存在し、特に深層学習に基づく手法ではハイパーパラメータの探索に多くの時間を使います。

[*7] この「器」は専門用語で、「機」の誤植ではありません。

　機械学習ベースの手法の利点は、人手でルールを書かなくても、デー
タさえあれば自動でモデルが学習できることであり、単純な手法でも大
規模なデータがあればしばしば高い精度が得られることです。極端な
ケースでは、対象のタスクのことをまったく知らなくても、データさえ
あれば自動処理できるようになるのです。例えば、筆者は機械翻訳の研
究をしていますが、まったく読めない言語でも、対訳データさえ存在す
れば、その言語の翻訳器を作ることができます。ルールベースの手法で
は、対象とするタスクのことを知らないとまったくルールを作成するこ
とができない、というのとは対照的です[8]。

　一方、教師あり学習を用いる場合に問題となるのは、教師データで
す。整備された研究分野では、研究者が広く使っている（前処理済み
の）教師データが公開されていて、このデータを用いて学習すればモデル
が構築できるのですが、一般的には解きたいタスクのラベルつきデー
タが大量に転がっていることは稀で、データはあっても正解ラベルが存
在せず、自分で正解ラベルを用意しなければいけない場合や、そもそも
自分で教師データを準備しないといけない場合すらあります。データが
ない場合には機械学習では手も足も出ないのです。

　教師データがない、あるいは少ない場合に検討することができるのは、
まったく教師データを用いない教師なし学習や、少量の教師データを用い
る半教師あり学習や弱教師あり学習があります。いずれの手法も教師デー
タの代わりにラベル情報のついていない**生データ**を用いることが特徴です。

　教師なし学習（unsupervised learning）の典型例に**クラスタリング**
（clustering）と呼ばれる手法があり、似ているデータを自動的にまとめ
ることで、見やすいように可視化したり後段の処理に活用したりするこ
とができます。**トピックモデル**（topic model）と呼ばれる手法でも、
データ同士の潜在的な関係を発見することができます。教師なし手法は
教師データが不要であることは利点ですが、適用可能なタスクが限られ
る、という欠点があります[9]。

---

[8]　もっとも、統計的機械翻訳でもニューラル機械翻訳でも、まったく読めない言語に対す
る機械翻訳器を作ることができるので、これはデータに基づく手法に共通する特徴です。

[9]　深層学習ではzero-shot学習（zero-shot learning）といってまったく正解事例を与えず、
タスクの説明だけで問題を解く文脈内学習（in-context learning）というアプローチも
ありますが、文脈内学習については1-2-4で後述します。

　半教師あり学習（semi-supervised learning）は、教師データと生データを組み合わせるアプローチです。弱教師あり学習も半教師あり学習の一部として扱うこともありますが、弱教師あり学習と違うのは、教師あり学習でもすでに十分な精度が得られているようなモデルに、さらに大量の生データを活用して精度を上げよう、というような設定も含まれるところです。すでに十分な精度が得られているタスク・モデルであれば、基本的にはインクリメンタルに作用するので、精度が悪くなるということはあまりなく、安心して試すことができます。ただし、半教師あり学習のしくみを導入することでモデルが複雑になったり、かける工数やモデルの複雑化・巨大化の割にはそんなに精度が上がらなかったりするので、そもそも精度が高くないものには使っても効果が低く、本当にあと少しどうしても精度を上げたい、というような設定でないと、モデルやメンテナンスが複雑になるデメリットが目立つでしょう。

　また、半教師あり学習に関連するアプローチとして、**遠距離教師あり学習**（distantly-supervised learning）という手法もあります。この手法では、最終的に解きたいタスクの教師あり学習を行うためのデータを自動で生成して学習に用います。例えば、手元に固有名詞の大規模な辞書があり、固有名詞がラベル付けされていないコーパス[*10]に対してルールベースでマッチングさせることで、自動的に固有名詞のラベルがついた教師データを獲得する、という具合です。固有名詞のラベルがついた教師データそのものを用意するのではなく、それをつけるための辞書を用いる、というところが遠距離教師信号（distant supervision）と呼ばれる所以です。手元に大量のコーパスはあるが、全部人手で見て教師データを作るのは大変で、でも大規模な辞書はある、というような状況だと試す価値がある手法です。一方、そもそも得られる生コーパスが大きくなかったり、辞書はあるけど収録エントリー数が少ないあるいはエントリーの情報がノイジーだとかいう状況では、自動的に生成されたデータ自体の質が高くないために、結局ある程度人手を入れないといけない可能性があります。

　弱教師あり学習（weakly-supervised learning または minimally-

[*10]　コーパスについて詳しくは3-2をご覧ください。

supervised learning）は、少量の教師データと大量の生データを組み合わせることで、両方のいいとこ取りをするアプローチです。弱教師あり学習では、数個あるいはせいぜい数十個の教師データだけで、十分な量の教師データを使った教師あり学習に匹敵するようなモデルを構築するという、夢のようなアプローチです[*11]。話だけ聞くととてもよさそうに聞こえますが、実際に実装してみると非常にハイパーパラメータに対して敏感で扱いづらかったり、特定のデータでしかうまく動かなかったり、あるいはそもそも弱教師あり学習を実装する時間で教師データを作成するほうが速かったりする、ということも往々にしてあります。弱教師あり学習に関連して、**データプログラミング**（data programming）というアプローチでは、教師データを使う代わりに、データに対してラベル付けをする関数を用意してラベルなしデータにラベルを自動付与することで、自動的に教師データを作成する手法です。自動生成されたノイジーなデータからうまく学習しないといけないというチャレンジがありますが、Snorkel[*12]というフレームワークもあり、ラベル付けのコストを削減するアプローチとして広く普及しています。

図1.3 教師あり学習、教師なし学習、半教師あり学習、弱教師あり学習

正解データがたくさんある

教師あり学習

正解がついていないデータだけある

教師なし学習

正解データに加えて正解がついていないデータがたくさんある

半教師あり学習

数件だけ正解データがある

弱教師あり学習

[*11] 深層学習ではfew-shot学習（few-shot learning）といって少数の教師データを用いたアプローチがとられることがありますが、few-shot学習については1-2-4で後述します。

[*12] https://www.snorkel.org/

1-2-4 | 深層学習ベース

　近年機械学習に基づくアプローチの中でも、**深層学習**（deep learning）を用いた手法が脚光を浴びています。深層学習は機械学習の一分野ですが、この10年その存在感が日に日に増しているので、ここでは特別に取り出して解説します。

　深層学習を用いた手法の利点のうち、従来の手法と大きく異なるのは、次の4点に集約されます。

1. 流暢な言語生成が可能になった（エンコーダ・デコーダモデル）
2. 必ずしも大規模な教師データを準備する必要がなくなった（自己教師あり学習）
3. マルチモーダル処理の垣根がなくなった（事前学習モデル）
4. 自然言語による指示が可能になった（プロンプトエンジニアリング）

■ エンコーダ・デコーダモデル

　1点目について、これまでテキストを出力とするタスク（機械翻訳、文書要約、対話など）は、統計的な手法や機械学習を用いた手法だとどうしてもぎこちない文になってしまうことが多く、結局ルールベース（テンプレートを用いた文生成）以外は明らかに機械出力だとわかってユーザの満足度が低かったりしたのですが、深層学習を使った手法は（ときには人間なら明らかにやらないような変な出力[*13]が出ることもありますが）とても流暢な文が生成できることがわかり、爆発的に普及しています。

　これまでの手法では単語やフレーズが主な構成要素であったため、ジグソーパズルを切ったり貼ったりして入出力（文）を作らないといけないので、どうしてもつなぎ目のところがギクシャクしてしまい、人間が

[*13] モデルが学習不足の場合に"the the the……"のように流暢でない文を生成する場合もありますが、逆にモデルとしては流暢性が高いのに入力とは必ずしも対応しないような文を出力する場合もあります。後者のような出力は**ハルシネーション**（幻覚）と呼ばれます。ハルシネーションにも、事実として誤っている文を生成するような悪いハルシネーションもあれば、入力の不備を補って適切な文を生成するようなよいハルシネーションもあり、単にハルシネーションはすべて悪い、というわけでありません。また、ハルシネーションという用語は不正確で、コンファビュレーションと呼ぶべきだ、という意見もあります。

見るとなんとなくおかしい、という違和感につながっていました。一方、深層学習を用いる手法では、すべてがベクトルや行列演算といった数値計算で処理されていて、一部にしか言語そのものが登場せず、いわば砂絵のように抽象的な形で絵を認識したり表現したりすることができるため、一見人間が書いたのか、と思うような流暢性が担保できるようになったのです。

最初に有名になったのは**リカレントニューラルネットワーク**（recurrent neural network）言語モデルと呼ばれる手法で、これは伝統的な統計的n-グラム言語モデル*14と違い、ニューラルネットワークを用いて次の単語を予測していくモデルです。ニューラルネットワークのおかげで、低頻度の単語もうまく扱えるようになったのです。また、再帰的なリカレントニューラルネットワークを用いることで、単語n-グラム言語モデルのように直前n単語分の文脈しか参照できないのではなく、長距離の依存関係も考慮したモデルになっていることが特徴で、長い文章の生成がしやすいことが利点です。

特にエポックメイキングだったのは、リカレントニューラルネットワークを組み合わせた**エンコーダ・デコーダモデル**（encoder-decoder model）と呼ばれるモデルの登場で、入力を処理する**エンコーダ**（符号化器）と呼ばれるニューラルネットワークと出力を処理する**デコーダ**（復号器）と呼ばれるニューラルネットワークの2つのモデルを用意して結合する、というモデルであり、このデコーダの部分が流暢な文を生成するのに重要な役割を果たしています。

Column

2014年にエンコーダ・デコーダモデルを初めて見たときの感想は、こんな構造で翻訳ができるのか、という衝撃でした。入力をニューラルネットワークで処理するエンコーダはまだしも、出力をニューラルネットワークで生成するデコーダの部分が驚きで、1単語ずつ出力するということは1単語出すごとに語彙サイズ（たとえば数万）の分類問題を解かなければならないわけで、こんなものが動くとは思っても見なかったのです。このような構造を思いつくのはまさにコロンブスの卵だったと言えるでしょう。

---

*14 連続するn個の単語や文字の出現確率を用いて単語列や文字列の出現確率を推定するモデルです。

　ちなみに現在はアテンションを用いないようなエンコーダ・デコーダモデルはほとんど見ませんが、アテンション機構が一斉を風靡する2015年前後は、アテンションを使うモデルと使わないモデルが併存していました。特に対話ではアテンションを使わないモデルが使われることが多く、個人的にもどうしてだろうと思っていましたが、おそらく対話は入力と出力の間にそこまで関連性が必要なく、流暢な出力をとりあえず出しておけば対話としては成り立つ（ように見える）ことが多い、というように、タスクごとにどのような出力が「よい」か、という評価が違うことが理由にあると見ています。

　また、GPT（Generative Pre-trained Transformer）という生成モデルとその派生が盛んに使われていますが、これはデコーダモデルで1単語ずつ生成して言語生成を行うアプローチです。第4章でも述べますが、1単語ずつ生成するようなアーキテクチャのことを、**自己回帰モデル**（auto-regressive model）と言います。一方、出力を一気に（例えば一度に文を丸ごと）生成するようなアーキテクチャのことを**非自己回帰モデル**（non auto-regressive model）と言います。先ほどのリカレントニューラルネットワークと同じで、1単語ずつ生成するようなモデルのほうが、流暢な出力を生成できることが知られています。

図1.4 エンコーダ・デコーダモデル

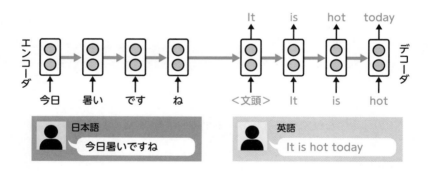

　一方、単にエンコーダとデコーダをつなげただけでは、入力に必ずしも対応しない出力が生成されてしまうことがあるため、**アテンション機構**（attention mechanism）と呼ばれるメカニズムを用いることで、入力のどの部分を用いるか、ということを明示的に考慮に入れつつ出力を生成することが可能になりました。これは、人間の翻訳者（デコーダ）が必要に応じて原文を参照（エンコーダ）するのと似ていて、出力の妥当性（入力と関連するような出力を出せるかどうか）を向上させることに

寄与しました。アテンション機構を用いることで、長文の翻訳をすると
きに長い入力でも翻訳性能が一気に落ちなくなったのが、大きな貢献で
す。エンコーダとデコーダをつなぐアテンションのことを**クロスアテン
ション**（cross attention）と呼びます[15]。

図1.5 自己アテンション・クロスアテンション・アテンションマスク

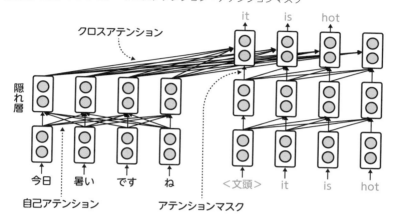

さらに、このアテンション機構を自分自身に反復的に適用する**自己ア
テンション**（self attention）の有用性が示されたのも、2018年以降の自
然言語処理分野にとって大きな進歩でした。自己アテンションは、これ
が提案された**Transformer**というニューラルネットワークとしばしば共
に用いられる概念ですが、自己アテンションの発明によって、文や文章
全体の文脈を考慮してエンコーダを学習することができるようになりま
した。

　エンコーダに自己アテンションを適用するときは、入力がすべて揃っ
ているので、すべての要素間でのアテンションを考慮することができま
すが、デコーダに自己アテンションを適用するときは、先頭から順番に
出力を生成するため、それまでに生成された要素間でのアテンションし

---

[15] アテンションの提案時は、アテンションと言えばクロスアテンションだったため、わざ
わざクロスアテンションと呼びませんでした。エンコーダ内またはデコーダ内でアテン
ションを用いる自己アテンションがその後一般的になったため、エンコーダとデコーダ
をつなぐアテンションは、明示的にクロスアテンションと言うようになりました。

か考慮することができません。そのため、学習時も推論時（学習したモデルを使用することを**推論**（inference）と言います）と同じようにアテンションを制限する処理のことを、アテンションマスクと言います。特に、言語生成のために前から順番に生成するモデルのことを**因果モデル**（causal model）と言います。デコーダとして自己アテンションを用いた因果モデルを学習することで、流暢な言語生成ができるようになったのです。

そして、大規模なデータを用いて事前学習されたTransformerによるモデル、**BERT**（Bidirectional Encoder Representations from Transformers）が登場しました。これが、2番目のポイントにつながります。

■ 自己教師あり学習

図1.6 マスク言語モデルによる BERT の学習と BERT の微調整

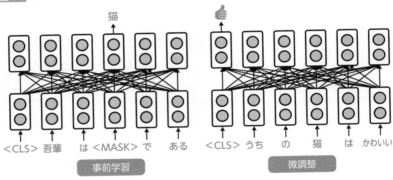

BERTの（事前）学習には、実は人手で教師あり学習のためのデータを用意する必要がありません。その代わりに、ラベル情報が付与されていない生データに対して人工的に操作を加えてラベルを付与し、教師あり学習を用いて学習します。元々のデータには正解ラベルが付与されていない、という意味では、教師あり学習というより教師なし学習に近いのですが、学習の枠組み自体は教師あり学習を用いて行われるため、最近はこれを**自己教師あり学習**（self-supervised learning）と呼びます。

BERTで提案された自己教師あり学習の手法は**マスク言語モデル**（masked language model）と呼ばれる手法と**次文予測**（next sentence prediction）と呼ばれる手法の2つです。その後の研究で、次文予測は必ずしも必要ないことが判明しているので、ここではマスク言語モデルのほうを詳しく解説します。

マスク言語モデルは、入力に対して一部をマスク（隠す）したり、ノイズを加えたりして、元々の入力を出力として予測させることで事前学習します。ノイズを加える前の元々の入力はわかっているので、それを正解ラベルとして教師あり学習に使うのです。教師あり学習の枠組みで学習するのですが、人手で教師データを準備する必要がなく、自分で教師データを作成しているので、自己教師あり学習と呼ばれるのです。

さて、BERTで用いられるこのような自己教師あり学習は、BERTの**事前学習**（pre-training；プレトレーニング）に用いられます。なぜこれが「事前」学習と呼ばれるかというと、BERTは基本的には学習したモデルをそのまま使うのではなく、解きたいタスクの教師データを用いて**微調整**（fine-tuning；ファインチューニング）して用いるので、自己教師あり学習の部分は本番の学習の前の学習、ということで「事前」学習と呼ぶのです。また、BERTは特定のタスクに特化しない汎用的なモデルとして学習されますが、それを解きたいタスクに対して**転移学習**（transfer-learning；トランスファーラーニング）している、と見ることもできます。

このようにニューラルネットワークの学習を2段階に分ける利点の1つとして、事前学習は（超）大規模なデータを用いて一回だけ行えば、あとはそれを使って個々のタスクのデータで微調整するだけでよい、という点があります。実際、BERTが広く受け入れられた背景には、GoogleがBERTの事前学習モデルを広く公開したことと、それを手軽に使うライブラリが存在したこと、そして実際比較的小規模な教師データで微調整するだけで、多くのタスクで高い精度を達成することができた、などなどたくさんの理由があります。

Column

　実はBERTより前にInfersentという手法で汎用的な事前学習モデルが構築できるということが示されていたのですが、Infersentは10万文規模の推論タスクのデータセットを用いて訓練された事前学習モデルで、他の言語でこんな規模のデータセットを構築するのは難しい、という問題がありました。

　また、このような言語・タスクに特化しない事前学習モデルとして、対訳データを用いて事前学習モデルを学習するCoVeや、次文予測タスクで事前学習モデルを学習するUniversalEncoderというような手法もありましたが、BERTほどには精度が出なかったのです。

　BERTのすごかった点は、**言語理解タスク**（natural language understanding task）の多くのタスクの精度向上が著しかったことで、あっという間に自然言語処理でのデファクトスタンダードになりました。どのようなタスクで精度が向上したのかは**GLUE**（General Language Understanding Evaluation）というベンチマークデータセットで確認できますが、20を超えるタスクで人間に迫る精度が得られるようになったのは衝撃的でした。

　BERTは前後の文脈を考慮してマスクした単語を予測するモデルですが、マスクの仕方には他の方法もあります。GPTはその1つで、BERTと異なり先頭から順番にマスクした単語を予測するモデルです。入力が何を意味しているのかを理解したい場合には、すべての入力が揃っているので、BERTのような形で自己教師あり学習されたモデルが比較的向いている[*16]ようです。逆に、流暢な文章を出力したい場合には、単語のつながりを考慮しながら生成するので、GPTのような形で自己教師あり学習されたモデルが向いているようです。BERTとGPTを組み合わせたような**接頭言語モデリング**（prefix language modeling）という手法もあります。この場合、前半はBERTのように双方向のアテンションを考慮して、後半はGPTのように自己回帰的にアテンションを考慮することで、双方のメリットを享受したい、というアプローチです。

[*16] 言語理解に関するタスクでは、BERT系列のモデルと同等の精度を達成するためには、GPT系列のモデルだと大きなサイズが必要のようで、計算効率が悪いです。ただし、事前学習のコストも考慮すると、プロトタイプはGPT系列のモデルで作るほうが、開発効率は高いかもしれません。

■ **事前学習モデル**

3番目のポイントは、2番目のポイントでも出てきた**事前学習モデ
ル**[*17]（pre-trained model）というアプローチの登場です。事前学習モデ
ルというのは、大規模なデータを用いて事前に学習しておく汎用的なモ
デルのことです。

これまでの手法では、タスクごとにデータを用意してモデルを構築す
る必要があったので、新しいタスクのためのモデルを構築するときに
は、一からデータを集める必要があり、かつそれなりの分量（例えば数
万文から数十万文のテキスト）がなければ十分な精度が得られませんで
した。一方、事前学習モデルを用いることで、解きたいタスクのデータ
は少量（例えば数百文から数千文のテキスト）があればよくなった、と
いうのがとても大きいです。実際の開発で一番専門知識が必要で、時間
や人員、お金がかかるのはデータ作成の部分であり、ここが1/10や
1/100の手間で済むのであれば、開発にかかる時間や費用を大きく減ら
すことができるからです。

事前学習モデルの構築に必要なデータは、2番目のポイントで示した
ように、自己教師あり学習を用いることで、実質的に無尽蔵に手に入
る、というのも重要です。それまでの手法は基本的には人手でメタ情報
を付与しなければならなかったため、データ量をスケールアップするこ
とが極めて難しかったのですが[*18]、自己教師あり学習を使うのであれ
ば、Webから取得したテキストを含む大規模なデータを用いることが
できるので、いくらでも用意することができます。

[*17] 事前学習モデルが最初に脚光を浴びたのは、2012年に提案された**word2vec**と呼ばれ
る単語ベクトルの学習方法と、それを用いて事前学習されたモデルの登場です。
word2vecも自己教師あり学習による事前学習モデルで、**単語分散表現**と呼ばれる低次
元で密なベクトルを学習します。word2vecは理論的にも興味深い性質を持ち、大規
模な教師データを準備する必要がなくなったことには貢献していましたが、文脈に応
じた処理をうまく扱うことができなかったために、アテンション機構を用いた
Transformerに取って代わられました。

[*18] 自然言語処理システムの精度の向上は、使われるデータの量の対数に比例する、と言
われています。精度を1ポイント向上させるのに必要な費用が、指数関数的に増える、
という訳です。

図1.7 データ量と自然言語処理タスクの精度の関係

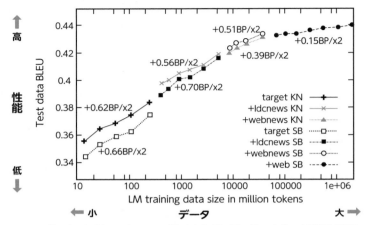

Brants et al. Large Language Models in Machine Translation. EMNLP 2007.

　気をつけなければならないのは、自己教師あり学習を用いて事前学習モデルを構築することで、最終的なタスクのラベル付きデータを大量に必要とすることはなくなりましたが、事前学習モデルの訓練には多くの計算資源が必要である、ということです。事前学習モデルの性能は、訓練に使用するデータの量、モデルのサイズ（パラメータ数）、訓練時間、の3つで決まる、と言われています。データ量を増やすことが容易になったとしても、モデルのサイズを増やすためには深層学習の訓練に用いるGPUのメモリを増やす必要がありますし、訓練時間を増やすためにはGPUの枚数を増やす必要があります。また、これらの事前学習の試行錯誤をするためには、さらに膨大な量のGPUの訓練時間が必要であり、超巨大企業以外が事前学習モデルの構築に手を出すことができなくなってきています。

　また、深層学習の発展により、隣接分野の知見を生かすことが簡単になってきました。入力や出力が、それぞれテキストだったり音声だったり画像だったりするだけで、それ以外はすべてベクトルと行列の演算で実現されていることは変わらないので、さまざまな**モダリティ**（modality）のデータを組み合わせることが容易なのです[*19]。特に、それ

[* 19] 言語学で言うモダリティ（様相）とは異なり、メディアの様式が異なる、という意味です。

ぞれのデータを用いて訓練された事前学習モデルを活用することができるので、必ずしもその分野の知見がなくても、素性抽出器として使うこともできるのです。1-5-2で紹介しますが、素性抽出とは、入力に対して分類を行うために使う手掛かりである素性を抽出する作業のことです。深層学習以前の機械学習では、人手で有用な素性を決めて抽出していました（例えば「-さん」という接尾辞の前には人名が来やすいので、後続に「-さん」という単語がある、というのは1つの素性です）が、これをひとつひとつ定義しなくても、深層学習が自動的に行う、というわけです。

> Column
>
> 　研究開発の観点から言うと、これはそれまでは自然言語処理の専門知識がないと自然言語処理関係の研究開発をすることが難しかったのに対し、今は自然言語処理の専門知識が特になくても研究開発に参入しやすい、ということにつながります。
>
> 　自然言語処理は学際的な分野で、筆者が大学院で理転してNAISTに入学した2005年当時は、言語学の知識のある人、プログラミングの知識がある人、数学（機械学習）の知識がある人、などさまざまな分野の人が、それぞれの得意な分野の知識を生かして活躍することができたのですが、2021年現在は、それらの専門知識のある人より、音声処理や画像処理のように隣接する分野の知識がある人のほうが、新たに参加しやすい、といった状況にあります。
>
> 　特に深層学習を用いた手法が広く使われるようになって、理工系の学部1、2年生レベルの線形代数と微分積分の知識、そして情報系の学部3年生レベルのプログラミングの知識、がそれぞれ必要となってきている感じで、筆者のように文系出身で大学院で自然言語処理を学ぼう、という人や、あるいは文系出身でAI関係のプログラミングを仕事にしよう、という人が、以前ほど簡単ではなくなってしまったのが、残念に思っています（ちなみに筆者は理転した最初の年は睡眠時間1日3時間で必死に勉強し、修士の2年生が終わる頃に、やっと情報系出身の人たちに追いついたかな、と思いました）。

　事前学習モデルは多くのタスクで有効性が知られており、まったく教師データを使わない**zero-shot学習**（zero-shot leanring）や少量のデータを用いる**one-shot学習**（one-shot learning）や**few-shot学習**（few-shot learning）といったような設定でも、ある程度解けるタスクが存在することも明らかになっています。

　少しだけ手をかけるだけでよい、というのは夢のある話ですが、どの

ような教師データを作ればよいか、ということはまだよくわかっておらず、使う教師データやハイパーパラメータ次第で結果が大きく異なることもあり、その調整にかけられる時間があれば教師データを作ったほうが早い、というようなことはあります。ともあれ、事前学習モデルの登場により、これまでの機械学習で盛んに研究されていた弱教師あり学習は影を潜めた感があります。

■ プロンプトエンジニアリング

2022年11月にOpenAIからリリースされて瞬く間にユーザ数が増え、現在は多くの人が知るようになったシステムに **ChatGPT** があります。ChatGPT はGPT をベースに対話的に操作できるようにチューニングしたシステムです。

ChatGPT登場以前からも、言語モデルの**プロンプト**（prompt；テキストで与えるタスクの指示）を工夫することで、zero-shot学習（どのようなタスクかだけを指示すればよい）、one-shot学習（タスクの指示以外に、例を1つ与えればよい）、few-shot学習（タスクの指示以外に、例を少し与えればよい）といったように、ほとんど教師データを与えなくてもタスクが解ける場合もある、ということは知られていました。図1.8の上はzero-shot 学習の例で、タスクの説明を与えるだけでテキスト平易化を行うプロンプトを与えています。図1.8の下はfew-shot学習の例で、タスクの説明を与えるだけでなく、事例をいくつか（ここでは2つ）与えることで、広告文生成を行うプロンプトを与えています。特にGPTはzero-shot学習でもそれなりに解けるタスクがあったことは、大きな発見でした。

図1.8 プロンプトによる In-context learning (zero-shot 学習と few-shot 学習)

以下の記事を小学生でもわかるような文章に書き換えてください。

法定休暇・休業（年次有給休暇、産前・産後休業、育児休業、介護休業、子の看護休暇など）以外に付与される特別休暇のうち、「サバティカル休暇」に目を向けてある。政府が令和4 (2022) 年6月7日に閣議決定した5ヵ年計画「新しい資本主義のグランドデザイン及び実行計画〜人・技術・スタートアップへの投資の実現〜」の中で、「サバティカル休暇」について記載されている。「サバティカル休暇」のサバティカル (sabbatical) は、旧約聖書に登場する「安息日」の意味のラテン語に由来し、明治13 (1880) 年に米国ハーバード大学で始まった、研究のための有給休暇が起源とされ、1990年代に離職対策として欧州企業で広まったと言われている。

プロンプト（タスク説明）

「サバティカル休暇」という特別な休みの話をしよう！この「サバティカル休暇」は、ちょっと長い休みのことだよ。学びながら休む時間もあり、大人たちが新しいことを学ぶための休みでもあるんだ。

昔、アメリカの大学で始まったんだよ。そして、ヨーロッパの会社でも使われるようになったんだ。

zero-shot 学習

以下の記事の広告文を作成してください。

審査に不安な方・初めてクレジットカードを作る方・アルバイト・パート・専業主婦にもおすすめ。絶対にカードを作りたい方におすすめ。=> 審査がゆるいクレジットカード
高齢者におすすめの長時間正しい姿勢で楽に座れる椅子。「腰痛がつらい」「お尻が痛い」「ご高齢の方で座る時間が長い」「寝たきり予防に介護椅子を探している」といった方におすすめです。=> 高齢者が楽に長時間座れる椅子
ダイエットやボディメイク等一生モノのトレーニングを最高の環境で。パーソナルトレーニングが月々 4,300円から。トレーニングのプロがあなたの悩みを解決する無料カウンセリング受付中！ =>

プロンプト（タスク説明）

few-shot 事例

安く通える人気のパーソナルジム

few-shot 学習

　文脈内学習（in-context learning）というのは、プロンプトの中で事例を与えたりしてタスクを解く手法のことを言います。言語モデルでも、教師あり学習のように正解データを与え、言語モデル自体の重みを微調整して学習することもできるのですが、言語モデルそのものがものすごく大規模になってしまったので、全体を学習するためには大規模なGPUメモリが必要だったり、更新のために大きな計算資源が必要だったりします。また、そこまで手間暇かけて学習しても、必ずしも性能があまり向上しない、という場合もあります。そこで、言語モデル自体を学習しなくてもよい手法である、文脈内学習が注目されているのです。

　そして、**プロンプトエンジニアリング**という概念が提案されました。プロンプトエンジニアリングというのは、言語モデルに与えるプロンプトを調整する[20]ことでタスクを解く、あるいは特定のタスクにおける

＊20　プロンプトエンジニアリングは言語モデルの微調整は行わないアプローチですが、プロンプトを用いて言語モデルの更新を行う**指示チューニング**（instruction tuning）というアプローチもあります。指示チューニングでは、教師あり学習に加えて**強化学習**（reinforcement learning）も用いられることがあります。また、言語モデル全体ではなく、特定の部分だけ微調整する**プロンプトチューニング**（prompt tuning）という手法もあります。

言語モデルの性能向上を図る方法のことです。有効なプロンプトが言語モデルによって異なり、さらには同じ言語モデルでもバージョンによって異なる場合もあるため、必ずしもプロンプトエンジニアリングに詳しくなる必要はありませんが、対象とする言語モデルによらずに使える汎用的なテクニックもあるので、言語モデルを操作するときには、ある程度の知識があったほうがよいでしょう。

　一方、ChatGPTはこれまでの言語モデルと何が違うかというと、ChatGPTのサイトにアクセスすると一般ユーザが対話的に指示を出して言語モデルを直接操作できる、という点です。これまでは、自然言語処理や機械学習に通じているソフトウェアエンジニアや研究者がプログラムを書いて指示を出していたのに対し、ChatGPTはまったくプログラミングがわからない人でも使えるので、一般ユーザが指示を試行錯誤することができるのです。

1-3 データ：辞書やコーパス

　タスクとアプローチとは別に確認すべき事項として、どのようなリソースが利用可能か、ということがあります。言語資源という観点では、**辞書**（dictionary）と**コーパス**（corpus；複数形はcorpora）がそれに当たります。図1.9に辞書とコーパスのイメージを示しましたが、紙の辞書や紙の書籍ではなく、自然言語処理では電子化された（つまりソフトウェア的にアクセスできる）辞書やデータベースが主に使用するリソースです。

図1.9 辞書とコーパス

1-3-1 辞書

　最も簡単な辞書であれば単語のエントリーのみが格納されているもので、場合によっては詳細な**メタデータ**（metadata）がついていることもあります。また、エントリー間の関係が階層構造になったりしていることもあります。複雑な情報が格納されている**知識ベース**（knowledge base）というような資源もあります。

　辞書は基本的には人手で確認したデータが格納されており、定評のある辞書は大いに使う価値があるでしょう。一方、有名な辞書であっても必ずしも常に更新されているわけではなく、Webのデータの解析には新しい用語がカバーされていないこともあるので、その場合は自ら補う必要もあります。その場合、自動構築した辞書を（補助的に）使うという選択肢もあります。

　図1.10は形態素解析用の辞書であるIPADic 2.7.0で「大学」という文字列が含まれるエントリーを抽出したものです。これはS式（S-expression）と呼ばれる記法で記述されたもので、XMLやJSONと同様に木構造を表現するデータ形式です[21]。1行に含まれる2つのS式で1単語を表現していて、1つ目のS式が品詞（名詞-一般）を表し、2つ目のS式が見出し語に対するさまざまな情報を格納しています。ここに示されているのは、次の4つの情報です。

1. 見出し語：6大学野球
2. コスト：3649
3. 読み：ロクダイガクヤキュウ
4. 発音：ロクダイガクヤキュー

---

[21] 形態素解析器MeCabで用いられるCSV形式の辞書のほうが見慣れている人が多いかもしれません。

図1.10 IPADicで「大学」という文字列が含まれる単語のエントリー

(品詞 (名詞 一般)) ((見出し語 (6大学野球 3649)) (読み ロクダイガクヤキュウ) (発音 ロクダイガクヤキュー))
(品詞 (名詞 一般)) ((見出し語 (大学院生 3180)) (読み ダイガクインセイ) (発音 ダイガクインセイ))
(品詞 (名詞 一般)) ((見出し語 (総合大学 3999)) (読み ソウゴウダイガク) (発音 ソーゴーダイガク))
(品詞 (名詞 一般)) ((見出し語 (大学卒 3999)) (読み ダイガクソツ) (発音 ダイガクソツ))
(品詞 (名詞 一般)) ((見出し語 (単科大学 3999)) (読み タンカダイガク) (発音 タンカダイガク))
(品詞 (名詞 一般)) ((見出し語 (大学院 2708)) (読み ダイガクイン) (発音 ダイガクイン))
(品詞 (名詞 一般)) ((見出し語 (大学 2087)) (読み ダイガク) (発音 ダイガク))
(品詞 (名詞 一般)) ((見出し語 (綜合大学 3999)) (読み ソウゴウダイガク) (発音 ソーゴーダイガク))
(品詞 (名詞 一般)) ((見出し語 (大学生 2657)) (読み ダイガクセイ) (発音 ダイガクセイ))
(品詞 (名詞 一般)) ((見出し語 (短期大学 3999)) (読み タンキダイガク) (発音 タンキダイガク))

見出し語(lemma;レンマまたはレマ)は一般的な辞書におけるキーとなるものです。**コスト**(cost)はこの単語の出現しやすさに対応するスコアで、低ければ低いほど出現しやすいことを示しています(この中では「大学」が最も出現しやすい単語であることがわかります)。**読み**と**発音**は似ていますが、その単語の読みと発音をそれぞれ示します。例えば、音声合成システムを作るときは読みではなく発音の情報が必要です[*22]。

一方、図1.11は同じく形態素解析用のJUMAN辞書[*23]で「大学」という文字列が含まれる単語のエントリーです。IPADicとほぼ同じような情報が格納されていますが、**意味情報**として「代表表記」「カテゴリ」「ドメイン」のような付加的な情報が付与されています。意味情報は特にルールやテンプレートベースの手法では使いやすい情報です。また、含まれるエントリーも少し異なることがわかります。

＊22 実際には音声合成システムを作るときはアクセントの情報もないと不自然な音声になるので、ChaOneのようなツールを使うことになります。

＊23 https://github.com/ku-nlp/JumanDIC

このように、それぞれ同じような目的で用いられる辞書でも、少しずつ得意とする範囲が異なるため、何を使うのかはケースバイケースで判断することになります。詳しくは3-2で扱います。

図1.11 JUMAN辞書で「大学」という文字列が含まれる単語のエントリー

(名詞 (普通名詞 ((読み だいがく)(見出し語 大学 (だいがく 1.6))(意味情報"代表表記:大学/だいがく 組織名末尾 カテゴリ:場所-施設 ドメイン:教育・学習"))))
(名詞 (普通名詞 ((読み だいがくいん)(見出し語 大学院 (だいがくいん 1.6))(意味情報"代表表記:大学院/だいがくいん カテゴリ:場所-施設 ドメイン:教育・学習;科学・技術"))))
(名詞 (普通名詞 ((読み だいがくせい)(見出し語 大学生 (だいがくせい 1.6))(意味情報"代表表記:大学生/だいがくせい カテゴリ:人 ドメイン:教育・学習"))))
(名詞 (普通名詞 ((読み だいがっこう)(見出し語 大学校 (だいがっこう 1.6))(意味情報"代表表記:大学校/だいがっこう カテゴリ:組織・団体;場所-施設 ドメイン:教育・学習"))))

1-3-2 | コーパス

コーパスというのは、何らかの目的で使用できるテキストデータのことです。メタデータがついていることも、ついていないこともあります。また、機械学習アプローチを採用する場合、メタデータをつけること自体が必要であることもあります。

例えば、図1.12は京都大学とNTTによる解析済みブログコーパス[24]から抜粋した文です[25]。このコーパスは携帯電話、京都観光、スポーツ、グルメという4ジャンルのブログ記事を収めたデータであり、かつ構文・照応・評判情報がメタデータとして付与されています。メタデータを付与する作業のことを**アノテーション**（annotation；注釈付け）と言います。

解析済みブログコーパスに付与されているメタデータは、次のような項目です。

1. 構文情報：ここでは文節単位の**係り受け**（dependency）解析の結果が付与されています。日本語では文節ごとに処理することが多い

---

*24 https://nlp.ist.i.kyoto-u.ac.jp/kuntt/#ga739fe2
*25 KN248_Kyoto_1-1-4-01

です。

2. 照応情報：図1.12に示すように、格・省略・照応の情報が付与されています。格の情報は「誰ガ何ヲどうした」のような**述語項構造**（predicate argument structure）とも呼ばれる、述語とその述語に関係する要素を付与したものです。日本語では主語が省略されることも多いので、省略されている場合は何が省略されているのかを同定する必要があります。**照応**（anaphor；複数形はanaphora）とは代名詞や指示語を用いて具体的な何かを指すことで、指し元（照応詞）や指し先（先行詞）を同定します[*26]。

3. 固有表現情報：人名、地名、組織名のような固有名詞や、日付表現・時間表現などを合わせた**固有表現**（named entity）と呼ばれる情報を付与しています。

4. 評判情報：誰が何に対してどういう評価をしているのか、という情報を付与しています。

図1.12 解析済みブログコーパスのアノテーション

係り受け	格・省略・照応、固有表現	評判表現
おばあちゃんは	祖父母:≒:2文前	評判表現
「いい	大学:ガ	
大学に	大学:≒:2文前	
入れて	一人称:ガ:文外,大学:ニ	
よかったね。」と	一人称:ガ:文外	
しきりに	関心:ガ	[京都大学]:感情＋おばあちゃん
感心して、	おばあちゃん:ガ:よかったね:ト	
写真を		
何枚か		
撮っていた。	おばあちゃん:ガ:写真:ヲ	

　解析済みブログコーパスはさまざまなタスクを解くツールをパッケージングした自然言語処理のツールキットであるNLTKのコーパスリーダー（nltk.corpus.reader.knbc）からアクセスできますが、取得できる情報は構文情報のみで、それ以外の情報にアクセスしたい場合は元のデータをダウンロードして使いましょう。

[*26] ここでは「おばあちゃん」が「祖父母」を指しているので、厳密には**共参照解析**（coreference resolution）と呼んだほうが適切です。

Column

　テキストに含まれる単語をカウントするとき、**トークン** (token) と**タイプ** (type) という2種類のカウント方法があります。単語のカウント時のトークンとは延べ単語数、タイプとは異なり単語数（単語の種類数）のことを指します。例 え ば、"The black cat chased its tail while the gray cat watched,and the orange cat napped lazily. (黒い猫は自分の尾を追いかけ、灰色の猫は見守り、オレンジの猫はのんびりと昼寝をしました。) "という文中には、英単語が延べ17トークンあり、異なり13タイプあります（theとcatが複数回出現しています）。

　このトークンとタイプというのは任意の単位についてカウントするとき、それが延べ回数なのか異なり個数なのかを区別することができます。筆者は大学院に進学した最初の年の研究室合宿で、述語項構造解析についての研究発表をしたのですが、コーパスの中に含まれる単語の統計量を示したとき、それがトークン数なのかタイプ数なのか、と指導教員から質問があったのをよく覚えています。「単語数」と単に言うと曖昧性があるので、正確に表現したいときに便利な概念です。

　また、最近では用いたコーパスのサイズや入力として受け付けるテキストの長さを表現するのに「トークン」を使うことがあります。「100億トークンのコーパス」や「最大トークン数は4096」などです。これらの「トークン」が何を指すのかはその場その場で異なる（形態素解析したあとの形態素数のこともあれば、さらにそれを分割したサブワードと呼ばれる単位のこともある）ので、何を指しているのかは注意する必要があります。

　古典的には自然言語処理では新聞記事に対して品詞や構文情報などのメタ情報を付与して研究に用いることが多かったのですが、実際に目の前にある、処理したいテキストが新聞記事であるとは限らず、新聞記事向けに研究・開発された手法・ツールでは必ずしも期待する精度が出ない、ということがあります。こういった場合、自ら解きたい分野・タスクの教師データを作成する必要があるのですが、この話題は第5章に譲ります。

　コーパスを収集・使用するときに特に気をつけたいのはテキストの**著作権**（copyright）です。テキストはそれを書いた人に著作権があるので、Webからダウンロードしたテキストに勝手にメタデータを付与して配布する、ということはできません[*27]。取引先から預かっているテキ

─────────────

[*27] 国立国語研究所の所長である前川先生が日本語書き言葉均衡コーパスを作成された経験を書かれた「コーパス構築と著作権保護」という記事が参考になるでしょう（https://www.jstage.jst.go.jp/article/jjsai/25/5/25_628/_article/-char/ja/）。

ストも、取り扱いに注意を要するデータでしょう。日本では改正著作権法の成立により、研究目的でのデータの蓄積が可能となりましたが、だからといって勝手に公開してよい、というわけではありません[*28]。また、著作権的には研究目的なら使ってよい、ということになっても、サイトによっては**ライセンス**（license）や**利用規約**（terms of use）でそのような目的での使用を禁じている場合もあり、ケースバイケースで対応する必要があります。

1-3-3 | その他の言語資源

　言語資源以外のリソースも、実用的なシステムを作る場合には重要です。

　深層学習のようなアプローチをとる場合、GPUをふんだんに使えるかどうかは場合によっては採用できる手法に関係してきます。または、大規模なデータを処理する場合は並列・分散処理のできるような環境が使えるかどうかが重要であることもあります。これらが揃っていない環境で自然言語処理システムを構築する場合、まず計算機環境を整備するところから始める必要があります。もっとも、最近は**クラウドコンピューティング**（cloud computing）を用いることで、必ずしもサーバ管理業務を引き受ける必要まではなくなってきたでしょう。

　また、人手でデータを見たりルールを書いたりする場合、やりたいタスクに関する知識を持った人が従事できるかどうかは大いにプロジェクトの成功に関係します。超巨大企業であれば、社内に言語学出身のデータ作成の専門家（アノテータ）の人がいることもありますが、普通の企業の場合はそのような専門家が社内にいることは稀です。予算があれば、アノテーションを専門とする会社に外注することも可能ですが、アノテーションの外注自体がかなり高度な能力を要する仕事です。

[*28] 文化庁が作成した「AIと著作権」のセミナー資料をご一読ください（https://www.bunka.go.jp/seisaku/chosakuken/93903601.html）。

1-4 評価：評価尺度とエラー分析

どのタスクに取り組むか、ということが決まったら、それと同時に考えなければならないのは、どのように評価するか、ということです。入力に対してどのような出力が得られればよいか、ということを決める必要があるのです。

文書分類や系列ラベリングのように正解が一意に決まりやすいタスクでは、機械的に正解を評価することで評価可能なことが多いのですが、難しいのは機械翻訳や文書要約、対話のような言語生成と呼ばれるタスクです。言語生成タスクでは、正解となる出力を一意に決めることができないため、さまざまな自動評価尺度が提案されています。

1-4-1 自動評価と人手評価

出力の評価の方法として、大きく分けて2つの方法があります。人手による評価と自動評価です。

人手による評価は、入力に対して出力を人間が見て評価します。機械翻訳のようなタスクだと、翻訳元の文に対して翻訳先の文を1〜5までの5段階で評価する、というような形で絶対評価する、というようなやり方が一般的です。

自動評価は、入力に対する出力を機械的に処理することで評価します。人手による正解と完全に一致しているかどうかで評価したり、あるいは部分的に一致している場合にも部分点として評価したり、あるいは絶対に間違えてはいけない選択肢を選んだ場合は大きなペナルティを与えたりするなど、さまざまな手法があります。

人手評価・自動評価いずれの場合も、システムの出力を見て、例えば適合している・していないの2値分類をする場合や、1〜5までの5段階で分類する場合のように、**絶対評価**（absolute evaluation）をするケースと、複数の出力を比較して相対的にどちらが好ましいか、という**相対評価**（relative evaluation）をするケースがあります。絶対評価のデータセットがあれば、そこから任意のペアを抽出することで相対評価のデー

タセットに変換することは可能ですが、相対評価のデータセットを絶対評価データセットに変換することはできないので、絶対評価が可能な場合は絶対評価をするほうが望ましいです。

　一方、人間が評価をする場合、似ているシステムの出力では同じようなスコアにしがちで、相対評価にすることで初めてシステム間の違いが明らかになるような評価が可能になることがあるため、相対評価のほうが適切な場合もあります。また、絶対評価による評価は人手による評価の負荷が高いため、例えば**クラウドソーシング**（crowdsourcing；「クラウドコンピューティング」の「cloud＝雲」とは違い、「crowd＝大衆」の意味です）のように評価者の質の担保ができない場合も、相対評価のほうが結果的に安定して評価ができる場合がありますし、絶対評価だと時間がかかってしまうので、相対評価にして同じ時間（予算）で作成するデータセットのサイズが大きいほうがよい、という場合もあるでしょう。

　人手による評価は正確である一方、継続的にシステムの評価を行って改善をするときには、毎回人手で評価するのは時間的にも金銭的にもコストがかかるため、自動で評価する方法がもっぱら採用されます。自動評価では、正解となる出力を用意してそれとの比較で優劣を判断することが一般的になされます。

　自然言語処理システムの開発を行うに当たっては、システムに関する修正を加えるごとに人手の評価を実施したりするのはコスト的な観点からも非現実的なので、どのように自動評価するか、ということを決めることが重要です。一方、自動評価のスコアがよくなったからといって、それが本当に意味のある精度向上なのか、ということは自明ではないので、人手評価も適切なタイミングでは実施する必要があります。

■ 分類・系列ラベリングタスクの自動評価尺度

　自然言語処理でよく使う自動評価尺度に、**正解率**（accuracy）、**適合率**（precision）[*29]、**再現率**（recall）、そして適合率と再現率の調和平均である**F値**（F-score または F-measure）というものがあります。

[*29] accuracyやprecisionを（狭義の）「精度」と訳すこともありますが、紛らわしいので個人的には避けています。

メールのスパム分類タスクを例にとると、正しくスパムだと分類されればtrue positive（TP）、システムはスパムだと出力したのに正解はスパムではない場合、positiveと言って間違えているのでfalse positive（FP）、システムはスパムではないと出力したのに正解はスパムである場合、negativeと言って間違えているのでfalse negative（FN）、そしてシステムがスパムではないと出力して正解もスパムではない場合はtrue negative（TN）とします。図1.13に示すように、システムがpositiveであると答えているものがTPとFPで、システムがnegativeであると答えているものがFNとTNに分かれます。

図1.13 スパム分類タスクにかけるTP/FP/TN/FNの関係

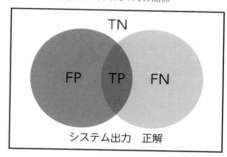

この場合、それぞれ次のような式で求めることができます。

$$accuracy = \frac{TP+TN}{TP+FP+TN+FN}$$

$$precision = \frac{TP}{TP+FP}$$

$$recall = \frac{TP}{TP+FN}$$

$$F = \frac{2 \times precision \times recall}{precision + recall}$$

ここで、TP、FP、TN、FNはそれぞれtrue positiveの数、false positiveの数、true negativeの数、false negativeの数です。

ちなみに筆者のメールボックスはスパムばかり大量に届くため、受け取ったメールはとりあえずスパムと言っておけば当たります。スパムで

あるメールを間違ってスパムではないと判定する危険度を下げるためには、全部スパムだと言えば漏れはありません。この場合、再現率は100%です。一方、すべてのメールをスパムだと返すシステムは、そもそもスパムを分類しているとは言えないので意味がありません。

逆に、誰がどう見てもスパムだと思うようなメール1通だけをスパムだと判定するようなシステムはどうでしょうか。それが正解だった場合、1通出力して1通が正解なので、適合率は100%で、よさそうに見えます。しかしながら、その1通以外のメールはどうでしょうか。筆者は1日に100通以上メールを受け取りますが、1通だけ自信満々に「これはスパム！」と言われても、残りの99通がどちらなのかわからなければ、結局全部見る必要があるので、全然嬉しくありません。

このように、適合率と再現率の間には図1.14に示すような**トレードオフ**（trade-off）の関係があるため、両方をバランスよく考慮して評価しよう、というのがF値です。F値は分子にかけ算が入っているので、適合率と再現率のどちらかだけが高くても、全体として高い値になることができないため、両方がバランスよく高くないと高いスコアにならない、という特徴があります。

図1.14 適合率と再現率のトレードオフ

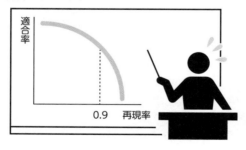

F値は論文を書くときには使いやすい指標なのですが、実際に開発する場合には必ずしも使いやすいとは限りません。F値が向上したとしても、適合率が上がる一方、再現率が下がってトータルでバランスがよくなって向上している場合があり、本質的にシステムがよくなっているとは限らないからです。このようなときは、アプリケーションによってほしい適合率または再現率を固定したうえで、もう片方の評価尺度が向上

しているかどうか、といったものを見たりすることがあります。例えば、人手で最終的に見ることが前提なので再現率9割ほしい、といった場合、再現率が9割になるように調整したときの適合率で評価する、という使い方になります。

ちなみに、ここで紹介したF値は正確にはF_1スコアと呼ばれるもので、適合率と再現率を同じ重みで平均したものです。適合率や再現率のどちらかをより重視したい場合はF_βスコアを用いることができます。

$$F_\beta = (1+\beta^2)\frac{precision \times recall}{(\beta^2 \times precision) + recall}$$

例えば、入力中に含まれる文法誤りを訂正する文法誤り訂正タスクでは、適合率が高いほうが好まれるので、自動評価尺度として**$F_{0.5}$ スコア**（$F_{0.5}$ score）が一般的に用いられています[*30]。スペリング誤り訂正タスクのように、ネイティブスピーカーが使う前提なら、システムによる訂正が間違っていても自分で判断できるので再現率が高いほうがよいですが、言語学習者だと必ずしもシステムによる訂正が間違っていると判断できないためです。

特許の検索のようなアプリケーションでは漏れがあることが致命的であり、最終的に専門家がチェックする前提でシステム全体を作れるので再現率重視、同じような検索システムでも専門家ではなく一般ユーザが使う場合、不適切な結果が上位に表示されると印象が悪いので適合率重視、といったように、アプリケーションごとに何を重視するのかを判断します[*31]。

[*30] $F_{0.5}$スコアが文法誤り訂正タスクの評価に最も適している、というわけではなく、$F_{0.5}$スコアによる自動評価は必ずしも人手の評価との相関は高くない、という指摘もありますが、M^2スコアラーという評価ツールが存在し、広く使われています。ちなみにM^2スコアラーは多くの編集のある出力の場合、計算時間がものすごく長くなることがあり、文法誤り訂正のように入力の一部を変えるようなタスク以外のスコアリングには使えません。

[*31] 適合率と再現率はTPを正しく把握できるかという評価尺度ですが、TNをちゃんと当てたい場合は**特異度**（specificity）を用いたり、あるいはFPを減らしたい場合は**偽陽性率**（false positive rate）を用いたりする場合もあります。

■ 生成タスクの自動評価尺度

　機械翻訳や文書要約、対話のような言語生成と呼ばれるタスクでは、入力に対して正しい翻訳となるような**リファレンス**（reference；出力例）を用意し、評価したいシステムの出力がどれくらいリファレンスと一致しているか、ということでスコアをつける手法が広く用いられています。

　最も有名な自動評価尺度は機械翻訳で用いられている**BLEU**（ブルー）と呼ばれるものと文書要約で用いられる**ROUGE**（ルージュ）と呼ばれる尺度で、これらは**参照文**という正解の文集合（リファレンスの一種）を用意しておいて、その文集合にどれくらい一致する出力を出すことができるか、ということで評価を行います。第4章で後述しますが、ざっくり言うと、BLEUは参照文との適合率、ROUGEは参照文との再現率を測ることに相当します。

　一方、これらの手法は参照文を用意しないと評価できない、ということが問題点として挙げられます。特に多様な生成が可能である場合、1つしか参照文を用意しないと、システムの出力が実は人間が見たら正解でもたまたま手元にある参照文と違うことでスコアが低くなる、といったことがあり得ます。リファレンスを作成するために専門知識が必要だったり、あるいは複数のリファレンスを用意しなければ適切な評価ができず、リファレンスを網羅的に作成するのが難しい、という問題もあります。

　そこで最近注目されているのが**品質推定**（quality estimation）というアプローチで、このアプローチでは、参照文を使わずに直接入力と出力だけを見て出力の良し悪しを推定します。なんでそんなことが可能なのか、と疑問に思う人もいるかもしれませんが、例えば、出力文の流暢性は出力文だけを見ても判断することが可能ですし、入力と出力で意味が大幅に変わっていないかどうかも入力と出力だけから判断できるので、正解を知らなくてもある程度は自動で推定できるのです。

1-4-2 データの分け方

　自然言語処理システムの出力の自動評価を行うときには、**訓練データ**

（training data）と**テストデータ**（test data）を分けることも重要です。訓練に用いた入力だけが分類できても、実際にシステムを利用するときには訓練データとは異なる入力に適用するので、未知の入力に対する性能（汎化性能）が知りたいのです。

　訓練データはモデルのパラメータを最適化するために用いられますが、パラメータ自体をどのように学習するのかをコントロールするハイパーパラメータなどを決めるためには、訓練データそのものを使うことができないため、**開発データ**（development data）あるいは**検証データ**（validation data）と呼ばれるハイパーパラメータを決めるためのデータを用意します。毎回の学習でどの程度パラメータを更新するか、をコントロールする**学習率**（learning rate）や、データ全体を何回学習に使うか、をコントロールする**エポック数**（epoch）などが、ハイパーパラメータの代表例です。

1-4-3 計算量

表1.1 代表的なアルゴリズムの計算量

タスク	アルゴリズム	計算量
依存構造解析	Shift-reduceアルゴリズム	$O(n)$
依存構造解析	グラフベースアルゴリズム	$O(n^2)$
句構造解析	CKYアルゴリズム	$O(n^3)$
機械翻訳	エンコーダ・デコーダ（リカレントニューラルネットワーク）	$O(n)$
文書要約	GPT（Transformer）	$O(n^2)$

　自然言語処理のシステムを実装するに当たって、精度以外に重視しなければならないことの1つに、**計算量**（complexity）という観点があります。計算量とは、アルゴリズムの振る舞いを解析するときに、ざっくり言うとどういう性質なのか、ということを見積もるために用いられる概念です。表1.1に自然言語処理で用いられる代表的なアルゴリズムの名前と計算量を示しました。

　CPUやGPUの処理速度を見積もる場合には**時間計算量**（time complexity）、ディスクやメモリの使用量を見積もる場合には**空間計算**

量 (space complexity)、というように、何を見積もりたいかによって測定する計算量が異なります。というのも、処理速度は速いがメモリをたくさん消費するアルゴリズムや、逆に処理速度は遅いがメモリは一定量しか使わないことが保証できるアルゴリズム、といったように、性格の違うアルゴリズムがあり、目の前の問題に対してどのアルゴリズムを使うべきか、という選択が異なりうるからです。

計算量を見積もるには、**ビッグ・オー記法** (Big-O notation) と呼ばれる記法がよく用いられます。これはアルゴリズムの計算量を数式を用いて表現する記法です。例えば、時間計算量が $O(n)$ のアルゴリズムは、要素数が n 個の場合、n に比例する時間で計算することができる、ということを意味します (それぞれの項にかかっている定数の係数は無視します)。

いろいろなアルゴリズムがありますが、最も効率がよいアルゴリズムは $O(1)$ のアルゴリズムで、これは**定数時間アルゴリズム** (constant time algorithm) とも呼ばれますが、入力のサイズによらずに計算ができるアルゴリズムのことです。データ構造で言うと、配列のアクセスは $O(1)$ でできます。また、自然言語処理で言うと、ハッシュを用いてキーから値を取得するデータ構造 (Pythonで言えば「辞書」) は、十分大きなハッシュを用いることで、$O(1)$ で値を取得することができます[*32]。

次に、よく出てくる効率のよいアルゴリズムは $O(n)$ のアルゴリズムです。これは**線形時間アルゴリズム** (linear time algorithm) とも呼ばれます。入力の要素数が n のとき、計算に n に比例する時間がかかるアルゴリズムです。データ構造で言うと、リストのアクセスはリストの先頭から順番に要素を辿ってアクセスするので、$O(n)$ でアクセスできます。自然言語処理のアルゴリズムのほとんどは、少なくとも入力を先頭から順番に全部見ないと処理できないので、最も効率のよいアルゴリズムが線形時間アルゴリズム、ということになります。例えば、3-2-2で解説する文頭から順番に1文字ずつ見て決定的に単語境界を付与する点推定

[*32] ハッシュのサイズが小さかったり、ハッシュ関数が不適切で、異なるキーに対してハッシュの値が衝突する場合は、衝突したハッシュの中は多くの場合はリストで実装され、$O(n)$ の計算時間がかかるため、効率的ではありません。

の単語分割器は $O(n)$ ですし、文頭から順番に1文節ずつ見てその係り先を決定的に判断する日本語の依存構造解析器も $O(n)$ です。

　自然言語処理の多くのアルゴリズムは $O(n)$ 以上の計算量です。例えば、構文解析で用いられるCKYアルゴリズムは $O(n^3)$ ですし、深層学習で広く使われているTransformerは $O(n^2)$ [*33] かかります。入力が文である場合、文内の入力の要素数（多くの場合は単語数）の2乗や3乗に比例する $O(n^2)$ や $O(n^3)$ のような**多項式時間アルゴリズム**（polynomial time algorithm）でも（少なくとも研究では）問題ないことが多いですが、入力がWebデータのように膨大な場合、多項式時間のアルゴリズムではものすごく時間がかかるため、$O(n \log n)$ くらいまでのアルゴリズムでないと厳しい、とよく言われます。マージソートはソートの問題を分割統治法を用いて解く $O(n \log n)$ のアルゴリズムです。マージソートのように分割すれば並列・分散処理できる場合は、MapReduce のような分散処理フレームワークを用いることができるのです。

　アルゴリズムの最悪時の計算量の他に、平均計算量も計算することができます。実際の開発現場では、最悪のケースの場合の挙動を考えてシステムを構築したいことがほとんどなので、最悪計算量のことを「計算量」と呼ぶことが多いですが、平均計算量を用いて検討したほうがよい場合もときにはあるので、その2つは区別されている、ということを覚えておくとよいでしょう。

1-5　フロー：自然言語処理システムの開発サイクル

　次に、機械学習ベースの手法を例にとって、自然言語処理システムのよくある開発フローについて書きます。

　図1.15は自然言語処理の開発フローです。基本的には、このフローを何回も回すことで開発を進めていきます。特に開発初期では、このサイクルを高速に何回も回すことが重要で、最初から大きなデータで実験

[*33]　オリジナルのTransformerは $O(n^2)$ ですが、最適化すると $O(n)$ にすることができます（正確には次元数を d、入力によらない定数 k を用いて $O(N \times d \times k)$ ですが、上記の議論では d と k を省いています）。

を回したりせず、小さなデータを用意して少しずつデータを増やして実験を行ったり、あるいは最初から複雑な設定は試さずに、シンプルな設定から始めて少しずつ機能を追加したり、といったようなベストプラクティス*34 があります。

図1.15 自然言語処理の開発フロー

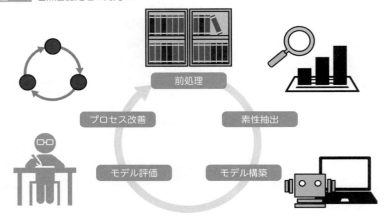

開発をするときには、次のようなフローで開発を行います。

1. 入力（テキスト）を前処理します。
2. 前処理したデータから、素性を抽出します。
3. 抽出された素性から、機械学習によってモデルを構築します（ルールベースや統計ベースの手法では、このステップがありません）。
4. 構築されたモデルの出力を用いて、モデルの評価を行います。
5. 評価の結果に基づき、1から4までのプロセスを改善します。

開発されたシステムを実際に用いるときには、次のような形で適用します。

1. 入力（テキスト）を前処理します。
2. 前処理したデータから、素性を抽出します。
3. 抽出された素性から、機械学習によって構築されたモデルによっ

---

*34 自然言語処理にも関係する開発で気をつけると良いポイントは次の資料が参考になります。https://speakerdeck.com/butsugiri/increasing-number-of-attempts-ver-2021

て、出力を得ます。

4. 出力を適切に後処理・加工して、システムに組み込みます。

　自然言語処理を内部で使うシステムだとしても、実は自然言語処理部分は全体の一部に過ぎず、8割は直接自然言語処理は関係していない、ということはよくあります。往々にして、自然言語処理部分の処理の精度がユーザが求める体感の「精度」に大きく影響を与えるというよりは、ユーザは細かい精度の違いはほとんど意識できません。一般的には、10%精度が変わればユーザは認知できると言われたりしますが、ほとんど違いがわからないために**A/Bテスト**のような統計的な手法でどちらのモデルがよいのか、ということを測定したりする必要があります（A/Bテストとは、特定の変数の変更がユーザの行動にどのような変化を与えるのかを調べるテストで、ランダムに分割した2つのグループに元のバージョンAと変更されたバージョンBを提示して、それに対する反応を測定して分析します）。

　システム全体として重要なのは、どのようにシステムが設計されているか、ということです。そのため、コアのアルゴリズムが優れていればユーザが注目してくれるか、というとそんなことはなく、ユーザインタフェースのようなデザイン周りの使い勝手のほうが、ユーザの直接的な印象に影響を与えることがあります。また、システム全体の処理速度も、かなり大きなウェイトがあります（研究のシステムであれば、クエリを入れて数秒〜数十秒かかってもよいのでは、と思うかもしれませんが、一般ユーザを相手にそれだけ待たせるようなシステムは、ほとんど使ってもらえないでしょう）。

1-5-1　前処理

　自然言語処理では入力として入ってくるものは多くの場合は**文**または**文書**です。文はsentenceの訳語であり、文書はdocumentの訳語です。また、**文章**はsentencesの訳語です。これらは自然言語処理の専門用語であり、自然言語処理に関する論文や書籍で文と文章を間違えて書いたりすると、これは変、と違和感の出るところです（文は文章の構成要素です）。ちなみに、何を「文」とするかについては言語学者によって立場

が分かれるのですが、典型的には主語と述語からなり、主語に関係する
何かを述べた最小単位のテキストのことを文と呼びます。

　自然言語処理において登場する「文」に関する用語を表1.2にまとめ
ました。最も処理が単純なケースは単文ですが、重文のように1つの文
の中に複数の文が入っていることもありますし、複文のように文の中に
文が埋め込まれていることもあります。「隣の家に住んでいるネコ」の
ように名詞を修飾する（名詞のことは体言と呼ぶので連体修飾と言われ
ます）ケースが多く、文内の述語（体言に対し、用言）を全部抽出する
場合には、このような連体修飾もよく見られるということを覚えておき
ましょう。

表1.2 単文・重文・複文の違い

用語	英語	例
単文	simple sentence	ネコが寝込んだ。
重文	compound sentence	ネコが寝込んで、アナコンダが穴に入った。
複文	complex sentence	隣の家に住んでいるネコが寝込んだ。

　入力が文書であるときは**文分割**（sentence splitting）も重要な前処理
です。単純には[*35]句点や記号が出現した場合、そこで分割するような
ルールを書けばよいのですが、「モーニング娘。」のように句点が固有名
詞の中に入ってしまっているテキストでは、**形態素解析**（morphological
analysis）を行って品詞付与をしないと正しく文に分割することができ
ません。また、ブログ記事のように必ずしも句読点を使わずダラダラ書
く場合や、逆に空行が行ごとに入っていても文の区切りではないといっ
た場合もあります。

　入力が文にまで分解されれば、今度は**単語分割**（word segmentation）
をする番です。後述するように、単語分割は日本語処理では形態素解析
の一部として実行されることが多いですが、単語分割のみを取り出して
（**品詞付与**（part-of-speech tagging または POS tagging）は行わずに）実
行することもあります。**単語**（word）とは何か？　というのも文とは何
か？　というのと同じく文法理論ごとに違う立場がありますが、文字以上

[*35]　ナイーブには、と表現することもあります。

文節未満の粒度で意味を担う最小の単位[36]、というのが本書で採用する定義です。

1-5-2 素性抽出

前処理が終わったあとにすることは**素性抽出**（feature extraction）です。**素性**[37]（feature；フィーチャー）というのは自然言語処理における専門用語で、どのような手がかりを用いてモデルを構築するか、という特徴のことを言います。他の分野では特徴量と呼ばれることもあります[38]が、自然言語処理は言語学を関連分野とする学際的な学問であり、言語学でfeatureのことを素性と翻訳したので、自然言語処理分野でも伝統的に「素性」と呼びます[39]。

深層学習のアプローチは、機械学習のアプローチと比較するとどのように素性を設計するかという、**素性エンジニアリング**（feature engineering）はそこまで重要ではなくなっていますが、以前はどのような素性を用いるか、ということを検討するにはタスクごとに固有の専門知識や自然言語処理の基礎知識が必要であったために、自然言語処理に詳しくない人が参入することに対する障壁が高かったです。

深層学習を用いる手法では、素性自身を自分で設計することはほとんどありません。これは、何層もニューラルネットワークを重ねて学習することで、有用な素性が自動的に取得できると考えられているからです（具体的には、浅い層には文法的な知識が、深い層には意味的な知識が学習されるということが示されています）。

1-5-3 モデル構築

---

[36] ただし、3-1で説明する固有表現を除きます。

[37] 「すじょう」ではなく「そせい」と読みます。

[38] 厳密には素性（名）は特徴（名）に対応しているので、特徴量は素性値に対応するのですが、機械学習の分野では特徴量という表現で素性名のことを指すこともあり、境界は曖昧です。

[39] 筆者は学部生時代に言語学の授業の課題で「そせい」のことを「組成」と書いたら、当時TAだった窪田さん（現在国立国語研究所）に「組成ではなく素性です」と赤ペンを入れてもらったことがありました。

素性抽出が終わると、モデル構築を行います。どのようなデータを用いて学習するか、そしてどういう構造のモデルを学習するか、という点でさまざまなデザイン・設定がありえますが、ほとんどの場合は質の高い大量のデータを使えば、どの手法を用いても精度に大きな差は出ないので、データを得るコストとプロダクト全体をメンテナンスするコストのバランスによって、どのような手法を使ったらよいか、ということが決まります。

機械学習の中でも、深層学習を用いる手法においては、事前学習モデルという学習済みのモデルを用いることもよくあります。この手法では、超大規模なデータで誰かが学習して公開してくれているモデル（およびその素性）をベースに用いて、手元にある教師データで微調整（ファインチューニング）することで最終的なモデルを構築します。このアプローチだと、人手で用意する正解データの分量をそれまでの手法と比較して格段に少なくすることができるために、ここ数年広く採用されています。

1-5-4 ┃ モデル評価

ここまでで自然言語処理システム設計の流れを見てきましたが、最後に重要なのは構築されたモデルの良し悪しを測ることです。そのために必要なのが、モデルの評価です。

1-4で評価尺度について解説しましたが、開発サイクルの中では何らかの評価尺度を決めて評価を行います。日常的な開発の中では高速に開発サイクルを回したいので、自動評価を活用するのが通例ですが、最終的な評価を含め、ときどきは人手評価を行うほうがよいです[40]。というのも、性質の似ているシステム（例えば同じシステムでハイパーパラメータを変えただけの設定）の比較であれば、自動評価尺度が向上していれば性能がよくなっている、と言えることが多いのですが、性質が違うシステムの比較だと、自動評価尺度が向上しているからといって必ずしも性能がよくなっている、とは限らないからです。

---

[40] 人手評価は準備や時間、調整などのコストが高いので、あまり頻繁には実施できませんが……。

　また、提案手法はこの問題を解決する手法である、というストーリーで論文を書いていて、自動評価尺度では全体的には向上しているのに、個別の事例を見ると意図通りに動いていない、というようなケースも、人手で評価をすることで検出できます。逆に、自動評価尺度ではあまり差がないように見えても、人手で評価をすると大差がつくこともあるので、自動評価任せで一喜一憂するのではなく、しっかりエラー分析も含めて人手で評価しましょう。

　論文だと、解きたいタスク以外の前段のタスクは正しく実施されている（前段の**パイプライン**（pipeline）のシステムの出力ラベルではなく、正解ラベルを用いて実験する）という前提で評価していることも多いのですが、実際にシステムとして実装すると、論文通りの精度が出ないことも多々あります。著者らによる実装が公開されている場合には、トラブルシューティングが楽ですが、ハイパーパラメータや前処理の違いが結果に大きな違いを生むことも往々にしてあるので、実際のシステムを構築するときには、システム全体として評価を行うことが重要です。

1-5-5 ｜ サイクルを回す

　モデルの評価をしたあと、次の開発サイクルに入ります。タスクの設計まで見直すか、前処理を見直すか、素性の取り方やモデルの**アーキテクチャ**（architecture）を見直すか、アルゴリズムを見直すか、評価方法を見直すか、などなど、改善点を考えて試行錯誤するのです。

　進捗報告のサイクルが長いと往々にして複数のポイントを変えてしまいがちですが、変更する場所は1つずつ、が基本であり、1ヵ所だけ変えて他は前の実験と揃えることで、変えたところの違いだけにフォーカスして比較することができます。研究でも「**ベースライン**（baseline）」と呼ばれる比較のための手法を設定して提案手法を分析しますが、まずこのサイクルを回すための一番簡単なパイプラインを作成し、少しずつ改良を加える、というやり方で進めると、いつまで経っても結果が得られず悶々とする、という状態を減らすことができますし、日々よくなっていくのが自分でもわかるので、おすすめです。

1-6 まとめ

　本章では自然言語処理システムの設計と実装にあたっての基礎知識について解説しました。自然言語処理タスクとは何か、全体をどうデザインするか、どのように開発サイクルを回すか、といったフローについて学びました。

　関連する発展的な内容を学びたい場合、巻末に記す『仕事ではじめる機械学習 第2版』（オライリージャパン, 2021）や『Python機械学習プログラミング』（インプレス, 2022）などを読むとよいでしょう。1冊目は自然言語処理によらない、いわゆるMLOpsと呼ばれる機械学習の開発についてしっかり書かれています。2冊目は実際に動作するソースコードを参照しながら読むスタイルの本で、自然言語処理以外も含まれる機械学習全般の理論と実践をバランスよく含んだ本です。

練習問題

1. 自然言語処理におけるタスクとは何か、説明してください。

2. 分類タスクの評価尺度と生成タスクの評価尺度について例を挙げて説明してください。

3. 「深層学習は機械学習である」は真でしょうか？ また、「機械学習は深層学習である」は真でしょうか？ 理由を挙げて説明してください。

4. 従来のアプローチと比較して深層学習の利点を3つ挙げて説明してください。

5. 従来のアプローチと比較して深層学習の欠点を3つ挙げて説明してください。

## 第 2 章

分類・回帰問題の
解き方

現実の世界における自然言語処理のタスクで
一番多いのは、入力として文または文書が与
えられ、あらかじめ決められたラベルや数値
を出力する、というタスクです。本章では、
こういった分類・回帰タスクについて取り上
げます。

分類タスク（classification task）は自然言語処理で頻出する基本的なタスクです。入力に対して何かを出力する、というのが自然言語処理のタスクの構造です。2つのクラスに分類（2値分類）するのが最も簡単なタスクですが、3つ以上のクラスに分類する多クラス分類タスクも、2値分類器を組み合わせれば実現できるため、分類タスクの基本は2値分類です。また、**回帰タスク**（regression task）も分類タスクと同様、よくある問題設定の1つです。クラスの代わりに実数値を出力するのが回帰タスクです。

分類タスクの代表的な例としては、文が肯定的（ポジティブ）な評価か否定的（ネガティブ）な評価のどちらを表現しているか、というのを判定する評価極性分析と呼ばれるタスク、新聞記事などの文書をいくつかのカテゴリに分類する文書分類と呼ばれるタスクなどがあります。

回帰タスクの代表的な例としては、文書を入力として、作文がどれくらいよく書けているかを自動的に推定する作文自動評価があります。また、機械翻訳の出力がどれくらい入力に対して適切かを自動的に推定する翻訳自動評価もあります。

一番簡単な分類・回帰システムは、ルールベースで予測を行う手法です。例えば、有害と思われる単語のリストを用意しておいて、そのリストの入っている単語が含まれる文書を有害文書と判定する（あるいは、入っている単語の数や有害度に応じてスコアをつける）、というようなシステムです。

このシステムは、単語のリストを用意するだけで実行することができ、とてもシンプルで、魅力的な選択肢です。予測を間違えたときも、何が原因か、ということの解釈が容易である、というのも利点です。一方、単語のリストの構築やメンテナンスが必要で、例えば否定表現など、単語リストだけでは対応できない表現がある、という欠点もあります。

本章では、評価極性分析・文書分類・文の自動評価（品質推定）、という3つのタスクを取り上げて、具体的に分類や回帰を行うシステムの作り方を解説します。

2-1 評価極性分析：ポジネガを判定する

2-1-1 タスク

評価極性分析（sentiment analysis）は自然言語処理における最も簡単な分類タスクです。入力は文または文書であり、出力は入力に対する評価極性のラベルです。ラベルは最もシンプルなものだとポジティブかネガティブかの2値です。そこにニュートラルを加えた3値にする場合もありますし、5段階のスコアをつけたり、もっと細かい値をつけることもあります。

評価極性分析は回帰タスクとして解くこともできるのですが、あまり回帰タスクとして解かれることはありません。というのも、回帰タスクだと考えるということは、「ポジティブ」や「ネガティブ」が数直線状に一直線に乗るような概念だと仮定します。ネガティブな文「最近うなぎが高い」の否定「最近うなぎが高くない」はポジティブな文かというと、ポジティブ寄りのニュートラルくらいが適切です。一方、「とてもポジティブ」は「ちょっとポジティブ」の2倍ポジティブなのかと考えると、必ずしもそうでもないでしょう。このように、評価極性分析は、回帰タスクとしての問題の定式化が難しいのです。

図2.1 評価極性分析タスク（文書単位・文単位）

常に行列ができている人気店です。味は中華街で一番でした！…

gourmet★
★ ★ ★ ★ ★ 4.58

麺とスープの組み合わせが最高です♪

文書単位

文単位

例えば、商品のレビューをポジティブなレビューかネガティブなレビューかに分類するというタスクを考えましょう。日本語では評価極性辞書として使える辞書が存在しますが、辞書単体ではカバー率の高い分類器を作ることは難しいため、機械学習ベースのアプローチをとることにします。機械学習・深層学習ベースのアプローチをとるのであれば、訓練・評価用の正解ラベル付きデータが必要になります。手元にすぐ使える正解ラベル付きデータがない場合には、まずデータを用意しなければなりません。

実際に評価極性分析をする場合は、入力を文とするか文書とするかを考える必要があります。これは、訓練データとして文に正解ラベルがついたデータを使うか、あるいは文書に正解ラベルがついたデータを使うか、と密接に関係しています。文単位の訓練データがあるのであれば、それを用いて文書単位の評価極性分析器を構築する方針はすぐに立てられますが、文書単位の訓練データがあっても、それを用いて文単位の評価極性分析器を構築することは自明ではないからです。

図2.1に文書単位と文単位の評価極性分析のイメージを示しました。文書単位の評価極性分析であれば入力は文書で、出力はポジティブ・ネガティブといったラベルや、レーティングのスコアになります。文単位の評価極性分析であれば出力は文書単位と同様ですが、入力は文になります。文書単位ではポジティブな評価でも、ひとつひとつの文を取り出すとネガティブな意見を書いていることもあるので、この2つは関連する別のタスクです。

■ 文書単位の評価極性分析

まず、文書単位の評価極性分析について考えます。Amazonのようなeコマースサイトには、ユーザが書いたレビュー記事に評価を示す星がついていて、星が多ければ多いほど高評価、というようなデータがあります。このデータを取得して、5段階評価で1と2のレビューをネガティブな記事、4と5のレビューをポジティブ記事だと見なしてコーパスを作成すれば、自動で文書単位の評価極性分析のためのデータを作ることができます。もちろん、手元にあるデータに対して自分で決めた評価をつけて教師データにすることもできます。

　文書単位の評価極性分析にはデータが用意しやすいという利点があります
ますが、細かい表現まで見ることができないというのが欠点です。文単
位でやると細かい表現まで見ることができるのは利点になりますが、逆
に文単位の教師データを用意しなければ機械学習的なアプローチを適用
することができない、というのが欠点です。

■ 文単位の評価極性分析

　次に、文単位の評価極性分析です。**評判分析**（opinion mining；意見
マイニングとも）や**テキストマイニング**（text mining）といった応用を
考えると、記事単位のポジティブ・ネガティブだけではなく、文単位の
評価極性を知りたいことがあります。ネガティブな記事の中でも、どの
部分が具体的にネガティブなことを言っているのかを知ることで、マー
ケティング担当の人が商品の改善につなげたり、炎上を未然に防ぐこと
ができます。この場合には、文書単位ではなく文単位でポジネガの付与
されたデータが必要になります。例えば、楽天データセット[*1]の中には
文単位でポジネガが付与されたブログのデータセットが公開されていま
すが、商用利用はできませんし、訓練データに使うとするとサイズが小
さいことがネックになります。文単位でこれらの正解ラベルが付与され
た大規模なデータが公開されていないので、もし文単位の評価極性分析
をやりたいのであれば、ある程度自分でアノテーションをする必要があ
ります。

　また、文書単位で教師データを用意するのは比較的容易ですが、必ず
しも断定的な評価ができるとは限りません。例えば、文単位で見ると、
文書の前半では否定的なことを言っていても、後半では肯定的なことを
言っていることもあります。文単位で教師データを用意するときも、重
文や複文で前半で言っていることと後半で言っていることが違うため評
価に困る、というケースもあり得ます。そのため、フレーズ単位で教師
データを作成したい、と思うかもしれません。こういう場合にどうすれ
ばいいかという決定的な答えはないのですが、どういう粒度で分析した
いのか、という基本に立ち返ってアノテーションの単位を決めましょう。

[*1]　https://www.nii.ac.jp/dsc/idr/rakuten/

■ **基本方針**

ほとんどの場合、まず文書単位でやることを考慮します。そして、結果を見てから文単位を検討します。それでも所望のものと違えばフレーズ単位、といったように、徐々に細分化することをおすすめします。このようにする利点は、細かい粒度でアノテーションをつけるときにも、粗い粒度でアノテーションした結果を利用して詳細化していくことができるので、データ作成を効率的に行うことができます。また、粒度を細かくすればするほど、広い文脈を見ないと正解ラベルが決まらないケースが増え、アノテーションが困難になる（ほとんどニュートラルになったり、あるいは人によってラベルが異なって安定しなくなってしまう）、という問題もあります。

また、文単位やフレーズ単位の教師データは準備できないが、どうにかして文書単位のデータから文単位のラベルを予測したくなることもあります。深層学習を使うとこれを実現することができます。例えば、BERTの事前学習モデルを用いて評価極性分析のデータで微調整するなど、入力は文書単位のデータで訓練を行い、出力を出すときにどの文にアテンションを張っているのか、というのを見ることで、どの文がポジネガの推論にかかわるのか、ということを可視化することができます。

2-1-2 アプローチ

どのようなデータが使えるのかで、アプローチが少しずつ異なります。タスク設定が決まっている場合、例えば、2値の評価極性分析をする、というところまではっきりしているのであれば、教師データを自ら作成するのはそこまで大変ではないので、少し時間をかけてデータを作って機械学習（深層学習含む）する、というのが王道になります。

■ **ルールベース**

単語ごとにその単語がポジティブなのかネガティブなのかという情報が書かれた**評価極性辞書**（sentiment analysis dictionary）があるとすると、最もナイーブなルールベースのアプローチとしては、入力に含まれ

るポジティブな単語の個数、ネガティブな単語の個数をカウントし、ポジティブな単語の個数のほうが多ければポジティブと出力、ネガティブな単語の個数のほうが多ければネガティブと出力する、というシステムです。

問題は評価極性辞書のようなデータがあるかどうかになりますが、日本語であれば次のようなデータが使えます。

1. 日本語評価極性辞書[*2]
2. 単語感情極性対応表[*3]

一方、この辞書だけだと最近のWebテキストの分類には必ずしもカバー率が高くないので、適用先の分野によっては、辞書の自動拡張のような手法と合わせて適用する必要があるかもしれません。

■ 機械学習ベース

機械学習を用いたシステムであれば、ポジティブ・ネガティブといった2値の正解ラベルがついているテキストや、ポジティブ・ネガティブ・ニュートラルといった3値の正解ラベルがついているテキスト、あるいは5段階の星のスコアがついているテキスト、などを使って教師あり学習する、というのが定番の手法です。

素性としては**bag-of-words**（バグオブワーズ；単語の出現順序は無視して出現頻度だけを考える手法）や bag-of-n-grams（bag-of-words の拡張で、nグラムの出現頻度だけを考える手法）を基本に、述語と否定辞をセットにしたり（例：「おもしろく-ない」）、係り受け関係にある文節のペアを入れたり（例：「あのドラマは-楽しかった」）、評価極性分析のタスクに合ったような素性がよく用いられます。簡単な**ヒューリスティックス**（heuristics；経験則や直感、単純な原則に基づく手法）でも、否定辞を特別扱いすることで、**極性**（polarity）を示す表現が否定されて

---

*2　https://www.cl.ecei.tohoku.ac.jp/Open_Resources-Japanese_Sentiment_Polarity_Dictionary.html
*3　http://www.lr.pi.titech.ac.jp/~takamura/pndic_ja.html

いて極性が変わっている場合を考慮することができます[*4]。係り受け解析にはCaboChaやKNPがよく使われます。

機械学習の手法としても、**SVM**（support vector machine；サポートベクトルマシン）を使う場合もあるでしょうし、**ロジスティック回帰**[*5]（logistic regression）を用いることもあるでしょう。Pythonを使うのであれば、scikit-learnで構築すると手軽に作れますし、それぞれプログラミング言語ごとに標準的な機械学習フレームワークを用いて、まずは適当な分類器を使ってみる、という方針でよいです。

機械学習のアプローチでうまく行きそうだ、ということがわかったのであれば、実際の運用に向けた実装をすることになります。この場合、既存のフレームワークによらずに自分で書くこともありますが、十分にデータがある場合、チューニングやメンテナンスが簡単である**ナイーブベイズ分類器**（naïve Bayes classifier）を使うのは、そんなに悪い選択ではありません。それぞれの素性の重みが確率として解釈できるため、理解しやすいのは大きなアドバンテージです。多クラス分類の場合、それぞれのクラスに所属するデータの分量に不均衡があることが往々にしてあるので、そのような場合は補集合（complement）を用いることで**不均衡データ**（imbalanced data）に対応する**complementナイーブベイズ**やnegationナイーブベイズという手法を用いたほうがよいです。

SVMは分類性能が高いので広く使われています。SVMは、**サポートベクトル**（support vector）と呼ばれる事例を手がかりにして分類問題を解く手法です。分類問題を解くためのクラスの分離平面を求めるときに、単に分類ができる平面を求めるのではなく、最も近い訓練事例（サポートベクトル）までの距離が最大となるような境界を見つけるというアプローチで、これは**マージン最大化**（margin maximization）と呼ばれています。それぞれの事例間の「距離」は**カーネル**（kernel）と呼ばれる

[*4] 2-1-1で述べたように否定を入れたからといって必ずしも極性が反転するほど変わるわけではなく、せいぜいポジティブやネガティブがニュートラルになるくらいであることが多いのですが、それでも特別扱いすることで誤判定を減らすことができます。

[*5] 自然言語処理では**最大エントロピーモデル**（maximum entropy model）や**対数線形モデル**（log-linear model）と呼ばれることもありましたが、最近は深層学習の影響か、ロジスティック回帰と呼ばれることが多いです。

関数を用いて計算します。最も単純には**線形カーネル**[*6] (linear kernel；リニアカーネルともいう、ライナーではない) と呼ばれるカーネルを用い、線形分類器として教師あり学習します。

SVMの利点は、**多項式カーネル** (polynomial kernel；ポリノミアルカーネルともいう、ポリノミナルではない) や**RBF カーネル** (radius basis function kernel；ガウスカーネルとも呼ばれる) のように、線形カーネルより複雑なカーネルを用いることで、単純な線形カーネルではできないような分類ができることが利点です。RBFカーネルは非線形な決定境界を得ることができますが、**高次元** (high-dimensional) **スパース** (sparse) [*7]であることが多い自然言語のデータでは、多項式カーネルほどには使われていません。また、多項式カーネルは素性同士の組み合わせを自動で展開して考慮することができるので、自然言語処理のデータでは扱いやすい反面、手元のデータが少ない場合は、多項式カーネルの次数を3次以上にしても過学習になることが多く、実用的には2次のカーネルを使うことが多いです。

データが十分にあり、かつ素性も頻度の高い組み合わせを陽に展開して学習させる場合[*8]、必ずしも複雑なカーネルを使う必要はなく、線形カーネルでも高い精度が達成できる場合があります。線形カーネルの場合はliblinear[*9]のように大規模なデータでも高速に動作する実装もある[*10]ので、以前はまず教師データがあったらSVMの線形分類器を試す、という人もいました[*11]。線形カーネルであれば素性に対する重みを見ることで、それぞれの素性の分析をすることができます[*12]が、多項式カーネルやRBFカーネルの場合は線形カーネルほどには解釈しやす

[*6] 素性ベクトルの内積を用いるカーネル関数です。
[*7] 深層学習以前は、素性の次元数が語彙のサイズに依存して組合せ爆発が起き、高次元になる一方で、個々の事例ではほとんどの素性の値はゼロになっている、という高次元スパースという問題がよく起こっていました。深層学習以降は、単語を1-hotベクトルから密な低次元ベクトルに変換するようになり、必ずしも高次元スパースというわけではなくなりました。
[*8] opalという機械学習器は組合せ素性を展開することで高速化しています。
[*9] https://www.csie.ntu.edu.tw/~cjlin/liblinear/
[*10] scikit-learnはliblinearがデフォルトで使用されます。
[*11] SVMはデフォルトのハイパーパラメータでもそこそこ動くのが利点ですが、正則化パラメータのCは少なくとも探索したほうがよいです。
[*12] SVMを双対問題で解いても主問題で解いていても、変換すれば重みが得られます。

くはない、というのも欠点と言えるでしょう[13]。最近では深層学習ベースの手法のほうが試しやすいので、必ずしも初手で選ぶ手法ではないかもしれません。

　また、深層学習と機械学習の折衷案として、素性は深層学習の手法、例えばword2vecやGloVeのような単語単位でベクトルを取得する手法を用い、文あるいは文書単位で平均をとることで文ベクトルあるいは文書ベクトルを得たり[14]、BERTを用いて文あるいは文書単位のベクトルを得たりして、最終的にはSVMで分類する、というようなアプローチもあり得ます。

■ 深層学習ベース

　2018年にBERT[15]が登場してから、その性能と扱いやすさから、分類タスクや回帰タスクの多くは深層学習ベースの手法がスタンダードになりました。BERTは多言語モデルもありますし、日本語のモデルもたくさん公開されています。特定の分野に特化したようなモデルもあるので、どの分野のテキストを解析するのかに応じて、いくつか事前学習モデルを試して比較するとよいでしょう。

　よく使われる汎用的な日本語BERTは次のものです。

1. 京大BERT[16]
2. 東北大BERT[17]
3. NICT BERT[18]

　また、最近はRoBERTaやDistilBERTなどBERTの派生ベースのBERTも使われています。

---

[13] 多項式カーネルでも2次の多項式カーネルくらいまでなら、素性を展開したものを見ることはできなくはありません。交互作用の取り扱いに注意が必要ですが、ほとんどの素性の重みは0に近いので、重みの絶対値順にソートすれば分析できます。
[14] 一時期doc2vecのように文書全体をベクトル化する手法が流行りましたが、未知のデータに対してあまり効果がないためか、廃れました。
[15] https://github.com/google-research/bert
[16] https://nlp.ist.i.kyoto-u.ac.jp/?ku_bert_japanese
[17] https://github.com/cl-tohoku/bert-japanese
[18] https://alaginrc.nict.go.jp/nict-bert/index.html

1. 早大RoBERTa[*19]
2. 日本語LUKE[*20]
3. 京大DeBERTa V2[*21]
4. Megagon Labs RoBERTa[*22]
5. LINE DistilBERT[*23]

Hugging Faceですぐ使用できる事前学習モデルが使いやすいです。ライセンスは主にデータ向けの**Creative Commonsライセンス**のものと、ソフトウェア向けの**MITライセンス**や**Apache 2.0ライセンス**のものなどが混在しています。Creative Commonsライセンスは、商用利用の可否や改変の可否などがライセンスごとに異なるので、使用のときにはどのライセンスであるのかを確認しましょう。商用利用を考えている場合、MITライセンスやApache 2.0ライセンスのもののほうが使いやすいです。ここに紹介した事前学習モデルは、事前学習に用いているデータが微妙に違いますが、入力に文書を入れる場合はMegagon Labs RoBERTaのように、長めのトークン数まで入れられるモデルを使ったほうがよいです。

　BERTを用いる場合、1-2で述べたように、正解ラベルのついたデータを用意して、事前学習モデルを微調整することで分類器を作ります。微調整に使う訓練データは、数百〜数万程度の正解ラベル付きデータです。横軸を訓練データ数、縦軸を性能とした**学習曲線**（learning curve）を描いてみると、あまりたくさんのデータを準備しなくても高い性能が得られる、ということがわかるでしょう。

　また、ChatGPTなどのGPTベースの手法を用いて、zero-shot学習あるいはfew-shot学習で解くこともできます。例えば、ポジティブかネガティブかを判定できるようなプロンプトを作成し、分類させたい文あるいは文書を与えることで、評価極性分析を行います。評価極性分析タス

[*19] https://huggingface.co/nlp-waseda/roberta-base-japanese-with-auto-jumanpp
[*20] https://github.com/studio-ousia/luke
[*21] https://huggingface.co/ku-nlp/deberta-v2-base-japanese
[*22] https://huggingface.co/megagonlabs/roberta-long-japanese
[*23] https://github.com/line/LINE-DistilBERT-Japanese

ク自体は教師データを作成することが比較的簡単なタスクなので、
zero-shot学習やfew-shot学習で解きたいとは思わない（教師データを増
やせば性能が上がるような手法のほうが開発しやすい）でしょうが、タ
スクによってはfew-shot学習でプロトタイプのデモを作ったほうが開発
の見通しが立ちやすい、という場合もあるでしょう。

2-1-3 評価

　2値の評価極性分析の研究では、正解率を使って評価することが多い
です。これは、ポジティブかネガティブかのどちらかをシステムが答え
ないといけない設定で評価するからです。

　一方、実際に評価極性分析を使う立場になると、必ずしもどちらかを
答えなければいけない訳ではなく、システムから見てポジティブなのか
ネガティブなのか確信度が低い場合には、必ずしもどちらかを出力させ
ず、ユーザに問い返すインタフェースもあり得ます。そのため、適合率
と再現率を使って評価したほうがよいこともあります。

　同様に、2値の評価極性分析であっても、ポジティブな事例とネガ
ティブな事例の数に大きな差があるときは、正解率ではなく適合率と再
現率をそれぞれのクラスごとに見たほうがよいです。例えば、100事例
中90事例はネガティブなことが書かれている場合、常に「ネガティブ」
と出力するようなシステムでも正解率は90％になります。このシステ
ムは「ネガティブ」のクラスの適合率は90/100＝0.9、再現率は
90/90＝1.0ですが、「ポジティブ」のクラスの適合率は0[*24]、再現率は
0/10＝0となり、「ポジティブ」のクラスは全然正しく出せていないこと
になります。

　また、多値の評価極性分析あるいは多クラスの感情分類のような場合
は、正解率によって全体のパフォーマンスを見ることができますが、先
ほどと同じ理由により、クラスごとの事例数や難しさが大きく異なる場
合があるため、クラスごとに適合率と再現率を求めて分析したほうがよ
いことが多いです。

[*24] ひとつも出していないので、正確には未定義です。

2-2 文書分類：記事の自動分類

2-2-1 タスク

　文書分類は自然言語処理タスクの中で最もスタンダードなものです。文書を入力として、カテゴリのようなラベルを出力するタスクです。例えば、新聞記事を入力して、政治や経済、芸能記事といったラベルを出力します。

図2.2 文書分類タスク（多クラス分類問題・多ラベル分類問題）

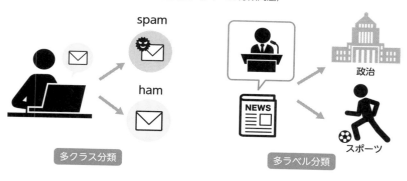

　文書分類タスクで確認するべきことの1つは、それが**多クラス分類**（multi-class classification）**問題**なのか、**多ラベル分類**（multi-label classification）**問題**なのか、ということです。多クラス分類問題は、複数あるクラスの中から1つのクラスを選ぶという問題です。一方、多ラベル分類問題は、複数あるクラスの中から当てはまるクラスを1つ以上選ぶという問題です。

　文書分類は全部多クラス分類問題のように考えがちなのですが、元オリンピック選手が参議院に立候補するという記事の場合は、「スポーツ」と「政治」の両方のラベルをつけるほうが適当かもしれません。このような多ラベル問題として定式化する場合は、解きたいタスクによってはラベルの間に依存関係があり、「アニメ」のラベルがついている記事には「漫画」のラベルもつきやすい、ということをモデルに組み込むこと

ができるので、多ラベルに対応したモデルを使うほうが高い性能が得られることもあります。

　また、本質的に多ラベルの問題であるにもかかわらず、アノテーションの方針として多クラスの問題としてデータを作成したために、最も適切なラベル1つに決めなければならず、アノテーションが人によって揺れる、というのもよくあります。この場合はデータの質が低くなってしまうので、機械学習のアプローチで自動分類器を作ろうとしてもなかなかよい分類モデルを訓練することができなくなってしまいます。

　それなら常に多ラベル問題にすればいいかというと、そういうわけでもありません。多ラベル問題の場合、網羅的に正解ラベルのアノテーションをすることが難しく、人手で作成したデータだと結果的に質の低いデータを用いて訓練しなければならないことが多いのです。特にラベル数が多い場合にこの問題が顕著で、すべてのラベルが頭の中に入っていて自由自在に正解ラベルが付与できる、という専門家ならともかく、習熟度の低い人がデータを作ろうとすると、どうしてもつけ忘れが発生してしまうのです。また、ラベルの仕様を設計するときも注意深く設計しないと似たようなラベルが存在し、結果的に一貫してラベルを付けることができない、ということも往々にしてあります。

2-2-2 アプローチ

　文書分類は深層学習登場以前からも自然言語処理では頻出タスクで、機械学習分野でも広くベンチマークのタスクとして用いられてきました。簡単な手法から複雑な手法までさまざまな選択肢がありますが、メンテナンスを考えると簡単な手法で実装したほうがよいことが多いです。

■ ルールベース

　ルールベースの手法は、シンプルですがコントロールしやすいので、根強い人気があります。キーワードを用いた有害文書のフィルタリングのようなケースで用いられます。NGワードのリストを用意して文字列マッチあるいは正規表現を書いてマッチさせるだけでよく、人手でリス

トを管理するのも簡単です。

　ルールベースの手法の欠点は、文字列マッチの手法だと単語境界をまたぐような単語と間違ってマッチしてしまうことです。例えば、「クズ」という表現が入っている文書を有害文書だとしてフィルタリングしたいのに、文字列マッチだと「モクズガニ」が入っている無害な文書までフィルタリング対象になってしまいます。このような誤認識を防ぐためには、形態素解析を行うことである程度対処できますが、辞書に登録されていない未知語に対しては効果がありません。また、辞書に登録されている単語がフィルタリング対象になっている、ということがユーザにわかると、それを回避するために隠語（例えば、覚醒剤のことを「野菜」や「アイス」と書いたりします）を使うこともあり、使う側とのイタチごっこになることもあります。とはいえ、適合率を高く分類したい場合であれば、間違って無害と判断するより、間違って有害と判断するほうがダメージは少ないので、ルールベースで作る、というのは1つの戦略です。

　ルールベースのもう1つの問題は、多義語を適切に扱うことができない点です。多義語もフィリタリング対象にしてしまうと、文脈を見れば有害文書ではないことが明らかなのに、単語リストにマッチしているために有害と判断されてしまうことがあります。先ほどの「野菜」のようなケースはその典型例で、単語リストに「野菜」を登録してしまうと、「野菜の栽培方法」のように一般的な意味での「野菜」が含まれる文書でもフィルタリング対象になってしまいます（ユーザもそれを狙って一般的な単語を使ってカモフラージュするわけですが）。このようなケースでは、文脈を見て判断する必要があるので、単純な単語リストを用いた方法では対処できません。

■ 統計ベース

　統計ベースの文書分類はルールベースと似ていて、文書に含まれる単語に辞書を用いてスコアを付与し、スコアの合計がある閾値以上であればこのクラス、というように分類する手法です。スコアの計算には **tf**（term frequency）と呼ばれる**単語頻度**や **idf**（inverse document frequency）と呼ばれる**逆文書頻度**をして使う場合があります。tfとidfを使うときはtf.idf

と同時に用いることが多く、tf×idfとかけ算して重みづけを行ったり[*25]、それぞれを独立した特徴量として使ったりします。また、高頻度語の影響を抑えるために、頻度の対数を用いることもあります。

このような手法はルールベースの手法の拡張としては自然ですが、ルールベースの手法の欠点をほぼそのまま引き継ぐので、あまりおすすめできません。特に、スコアを手動で決めている場合、単語リストの管理やスコアの人手による調整が難しくなり、せっかくルールベースの手法であった利点であるシンプルさが失われてしまいます。

■ 機械学習ベース

機械学習ベースの手法であれば、さまざまなアルゴリズムを適用することができます。ロジスティック回帰やSVMのような分類タスクのための手法が鉄板です。scikit-learnのように使いやすいツールキットもありますので、実装も容易です。

統計ベースとまではいかないが、シンプルな手法にしたい場合は、**k 近傍法**（k-nearest neighbor method）も有力な選択肢です。k 近傍法は事例（ここでは文書）同士の類似度の近い k 個の事例に基づいて分類するアルゴリズムです。どのように文書をベクトル化するか、そしてどのように類似度を測るか、というのが考慮すべきポイントです。スタンダードには文書をtf.idfで重みづけしてベクトル化し、分類したい文書と正解ラベル付きの文書の**cos類似度**（cosine similarity）を計算して k 近傍を求めます。k 近傍法だと実際に分類に用いた根拠となる事例を見ることができるので、分類結果が間違っていると思った場合の分析もしやすいのです。一方、大規模システムは k 近傍法で作るのには向かないので、小規模に簡易的なシステムを作る程度の場合に留めたほうがよいです。現在はこのような場合、深層学習を使った手法を使うことが多いでしょうから、あまり k 近傍法の出番はないかもしれません。

■ 深層学習ベース

深層学習ベースの手法であれば、BERTを用いた分類器を作るのが

[*25] http://chasen.org/~taku/blog/archives/2005/11/_tfidf_1.htmlにtf-idfの意味づけ（確率的言語モデルを用いた定式化）が説明されています。

素直です。微調整用のデータをある程度用意する必要がありますが、機械学習ベースの手法と比較すると1桁あるいは2桁少ないくらいのデータでも同程度の性能を出すことができます。既存の大規模なデータセットがすでにあるのでなければ、まず深く考えず初手は深層学習、というのでもよいと思います。

また、GPTベースの手法も検討の余地があります。GPTベースの手法は必ずしも分類問題が得意な構造ではありませんが、ベースとなる言語モデルにBERTより高い性能のものを用いることで、同程度あるいはそれを上回る性能を出せることもあるでしょう。一方、GPTベースの手法だと推論にかかる計算量が大きいので、プロトタイプの作成には向いていますが、多くのユーザが使うシステムとして実装するのであれば、GPTベースの手法でコンセプトの有用性を示すことができたら、BERTベースの手法で作り込んだほうが、運用コストのバランスがよいでしょう。

2-2-3 評価

文書分類の評価は評価極性分析と同じく、正解率で評価することができますが、多クラス分類問題の場合は、それぞれのクラスに対する性能を評価したいので、クラスごとの性能評価を行うことが一般的です。

多クラス分類問題だと、クラスごとに適合率・再現率・F値の**マクロ平均**（macro-average）を計算する場合と、全体をまとめて適合率・再現率・F値の**マイクロ平均**（micro-average）を計算する場合があります。実データではクラスごとに事例数が大きく異なることもよくあるので、クラスの違いに対しての頑健性を測りたい場合はマクロ平均を使って評価することになるでしょう。

文書分類タスクで重要なのは、実験の結果の解釈です。特にクラスごとに性能を見たときにうまく分類ができていない場合、**エラー分析**（error analysis）をしましょう。エラー分析の定石は次のようになります。

1. システム出力が間違っている事例から、人手で見られるくらいの数を**ランダムサンプリング**（random sampling）する

2. ランダムサンプリングした結果を見て、いくつかのグループに分けて集計する

- グループ分けは多クラスで正解ラベルをつける場合も、多ラベルで正解ラベルをつける場合もありうる
- 最初から完全なラベル集合が定義できると思わず、まずラベル集合を決める目的で集計しながらラベル付けし、ラベル集合が決まったらそれに従って全体を見直す

3. 集計した結果をもとに、改善点を検討する

このようにエラー分析をする理由ですが、間違っている事例のうち先頭から200件、のように選んでしまうと、データ全体から見ると偏った事例を見ている可能性があるので、データ全体からランダムにサンプリングすることで、その可能性を減らします。どれくらいの事例を見ればいいかは、たくさん見れば見るほどデータ全体を反映しますが、実際に分析するには時間も必要なので、どれくらいの時間をかけるか、という制約から逆算して決めます（とはいえ、さすがに数十件だと少なすぎるでしょうが）。

グループ分けについては、アノテーションを回すサイクルと同様、1回で全部の分析ができるとは思わず、データ全体を何周かするつもりで、どのようなラベルをつければいいかを検討します。多ラベル（1つの事例に複数のラベルがつき得る）がいいか、多クラス（1つの事例には1つのラベルしかつかない）がいいかはケースバイケースですが、複数の要因が絡まってそうなエラーが散見される場合は多ラベルでつけたほうがよいです。

とにかく重要なのは、実際の事例を見るという点です。自然言語処理のタスクは、入力を見て分析できる場合が多く、適合率や再現率のような数値だけではわからないことも、事例を見れば解決できることがあるので、手間がかかるなと思っても面倒がらないことがポイントです。

一方、注意しなければいけない点は、エラー分析を行うときは開発データを用いて分析し、テストデータを見て分析をしない、ということです。例えば、論文に載せる実験結果など、最終的な定量評価はテストデータに対するスコアを載せるので、テストデータに対するエラー分析をしたくなりますが、それは間違えやすい罠です。テストデータを見てエラー分析をして、それを受けてモデルを改善したくなりますが、この

ようにして改善されたモデルは（訓練時にはテストデータを見ないで機械学習するにしても）テストデータを見てしまっているので、真に未知なデータに対してどういう性能が出せるか、というのがわからなくなってしまいます。

　最近はKaggleのようなコンテスト形式で性能を競うような場合もあります。Kaggleでは参加者がテストデータの正解ラベルを見ることができない状態で、テストデータに対する予測結果を投稿し、コンテストのオーガナイザだけが知っているテストデータの正解ラベルに対して評価し、結果（最終的なスコア）を公開します。これは参加者がテストデータの正解ラベルを知ってしまうとテストデータに対してチューニングできてしまうからです[*26]。

2-3 文章の品質推定：人手で書いた文章の品質を推定する

2-3-1 タスク

　最後に、文章の品質を推定するというタスクを紹介します。この類型に当てはまるのは、入力が文または文書で、出力が「よい」「悪い」のようなクラス、または入力の良さを示す数値、となるようなタスクです。

　品質推定（quality estimation）は機械翻訳分野で近年盛んに研究されているアプローチです。機械翻訳の自動評価では、伝統的には正解の翻訳である参照文を準備して、機械翻訳システムがどれくらい参照文に近い翻訳を出しているか、というような観点から評価することが多かったのですが、参照文の品質や**カバー率**[*27]（coverage；カバレージまたはカバレッジ）に評価の性能が左右されてしまうので、参照文がなくても評

[*26] 同じテストデータに対して何回も投稿できると、ある程度正解ラベルが予測できてしまうので、コンテスト開催時には1日あたりの投稿回数が制限されている場合もあります。

[*27] 用いる表現にバリエーションが生まれるので、複数個の参照文を用意したほうが正確に評価可能です。

価できる手法に注目が当たっているのです[28]。

図2.3 文章の品質推定タスク（分類問題・回帰問題）

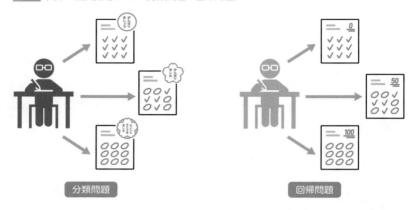

出力として実数値を返すようなタスクのことを、**回帰問題**（regression problem）と呼びます。回帰問題を機械学習の問題として解く場合、処理の仕方は分類問題とあまり変わるものではないのですが、評価の方法として平均2乗誤差のように正解から絶対的にどれくらい離れているか、というような尺度を使うことが一般的です。

また、出力としてランキングを返すようなタスクのをことを、**ランキング問題**（ranking problem）と呼びます。回帰問題として定式化可能なタスクの場合、出力が実数値であり、出力間に順序関係を定義できる[29]ので、このタスクはランキング問題としても定式化することができます。一方、ランキング問題として定式化可能なタスクであっても、必ずしもすべてのタスクが回帰問題として定式化可能ではありません。

このようなタスクを前にして注意すべき点は、このタスクをどの問題として定式化して解くか、ということです。回帰問題としても、ランキ

---

[28] 正解もないのにどうやって品質を推定するの？ と思うかもしれませんが、多言語の入力を同時に処理することができる多言語モデルの構築が深層学習の登場により容易になったので、入力文と出力文の言語が違う機械学習でも品質推定の考え方が登場した、という技術的な背景があります。また、参照文を見なくてもある程度出力の良し悪しがわかる、ということも、品質推定結果と人手による評価結果の相関の分析からわかっています。これは、深層学習による言語生成が十分流暢な出力を出せるようになったから、可能になったアプローチだとも言えます。

[29] 実数の集合は全順序集合なので、すべての要素が比較可能です。

ング問題としても、分類問題としても解くこともできます。そして、どの問題として解いてもそんなに結果が変わらないこともあれば、特定の解き方で解いたほうがよい場合もあります。

回帰問題の特徴は、出力の間に（しばしば線形の）関係を仮定する、というものです。例えば、作文に点数をつけるとき、1から5までのスコアをつけるとして、スコア1とスコア2の違いは、スコア4とスコア5の違いと同じ、ということを暗に仮定している、ということです。そのため、回帰問題を学習するときに使う平均2乗誤差では、スコア1とスコア2の違い、そしてスコア4とスコア5の違いは、スコアが1離れている、という観点で同じであり、同じペナルティとしてモデルを訓練します。また、誤差を2乗して計算するので、正解のスコアと予測のスコアが極端に異なるような場合に強くペナルティがかかるため、モデルとしてはできるだけ「無難」な出力を出しがちになります。

ランキング問題だと、出力が**間隔尺度**（interval scale）や**比例尺度**（ratio scale）のように特定の性質を満たすスケールに従うという仮定が不要なので、先ほどのような問題はありません。また、事例のペアに対する素性を用いることもできます。**情報検索**（IR：information retrieval）のようにランキングが重要であるようなタスクであれば、ランキング問題として解いたほうがよい場合があります。一方、入力を常に**ペア**（pair）または**リスト**（list）として与える必要があり、「この作文のスコアがほしい」というような場合でも、その作文に対応するスコアを出力したりすることができません。あくまで、2つ以上の入力が与えられたときに、その間の順序を推測することができるだけなので、そのような出力でもいいようなアプリケーションでないと使うことができないのです。

分類問題であれば、回帰問題やランキング問題で述べたようなデメリットはありません。スコア1からスコア5までをそれぞれ多クラス分類問題のラベルだと思って分類するだけです。一方、多クラス分類問題なので、スコア間の関係性を考慮することができません。例えば、スコア1の作文はスコア4の作文よりスコア2の作文に似ていると思われますが、そのような直観を活かしてモデルを訓練することはできないのです。また、元々のデータについているスコアが連続値だった場合、どの

ように離散化するか、でも結果が変わりうる、という問題もあります。

2-3-2 | アプローチ

作文の品質推定をどのような方針で設計するとよいでしょうか？ 汎用的に作るのであれば、ランキング問題として設計するのは得策ではありません。現実的には、回帰問題として設計するか、分類問題として設計するか、の2択であり、どちらがいいかはケースバイケースです。また、実際は品質推定結果だけがあっても利用しづらく、ルールベースの手法と組み合わせてシステム構築したほうがよいこともあります。

図2.4はGoodWriting Rater[*30] という日本語ライティングの自動評価システムです。このシステムは、ルールベース、統計ベース、機械学習ベースの手法を組み合わせて構築したものです。次に、それぞれの組み合わせ方について解説します。

図2.4 GoodWriting Rater のトップ画面 (左上) と実行後の画面 (左下)、実行結果 (右上＝予測結果＋統計量、右下＝ハイライト)

---

* 30 　https://goodwriting.jp/wp/

■ ルールベース・統計ベース

ルールベースの手法として、作文でよく使われる表現を辞書として用意し、それにマッチした部分を可視化する、という方法があります。マッチするのは文字列マッチの正規表現で書くこともあれば、形態素解析したうえでマッチするような処理を書くこともあります。例えば、品質推定器をライティングの指導に使う場合、「しかし」や「さらに」といった**ディスコースマーカー**（discourse marker）と呼ばれる接続表現をハイライトして表示すると、接続表現が効果的に使われているかどうか、ということを確認することができます。

また、使われている単語についての**統計量**（statistics）を一緒に表示させることで、日本語のライティングであればどれくらいひらがなやカタカナ、漢字を使っているか、という情報を見せることができたり、あるいはどれくらいの難易度の単語をどの程度使っているか、という情報を表示させることができます。これらのルールや統計に基づく情報は、機械学習ベースの手法の素性として利用することもできますが、情報自体が意味を持つ場合もあるのです。

■ 機械学習ベース

分類問題として設計する場合、それぞれのスコアの間に相関関係がない、という欠点を補うため、**ロジスティック回帰**のように出力に確率を付与できるような手法を用いて、確率を「**信頼度**（confidence score）」として一緒に表示する、というのがベストプラクティスの1つです。信頼度とともに表示することで、機械が自信満々に出力しているか、それとも機械も迷いつつ出力しているのか、ということがユーザから見てもわかるので、結果を解釈しやすくなるのです。

回帰問題として設計する場合は、単一のスコアがわかる、というのは利点ですが、選択する分類器によっては、なぜそのスコアになったか、というのがわからないのが悩ましいです。そこで、**線形分類器**（linear classifier）による回帰モデルを構築すれば、重みを解釈することは容易なので、線形分類器の訓練に使った素性とその重みを（絶対値順にソートして）表示できます。複雑なモデルを使えば予測精度を上げることが可能でも、なぜそのスコアになったかを知ることができないと扱いづら

いため、あえて線形分類器にする、という選択です。**サポートベクトル回帰**（support vector regression；SVM の回帰バージョンで、SVR とも）のような手法であれば、精度を大きく犠牲にせず線形分類を行うことができます。

■ 深層学習ベース

深層学習を用いて解く場合、分類タスクとして解くか回帰タスクとして解くか、という問題の他に、どのようなアーキテクチャで解くか、という問題を考える必要があります。大きく分けると (1) 特徴量ベースのアーキテクチャと (2) 微調整ベースのアーキテクチャがあります。

図2.5 特徴量ベース（左）と微調整ベース（右）のシステム

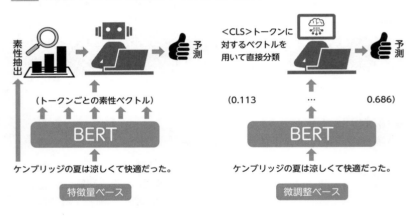

特徴量ベースのアーキテクチャの場合は、BERTのような基盤モデルに対してテキストを入力し、特徴量を取得します。この特徴量を入力として、他の分類器と組み合わせて予測システムを構築します。最終的な分類器は必ずしもニューラルネットワークを用いたシステムである必要はなく、例えば、特徴量抽出にはBERTを使うけど、予測はSVM（分類タスク）またはサポートベクトル回帰（回帰タスク）で行う、といった組み合わせもあり得ます。基盤モデルの部分は普通は一切学習を行わず、特徴量抽出にのみ用い、学習をするのは後段の学習モデルに任せる、というわけです。訓練データが少ない場合、下手に基盤モデルも

含めて全体を学習すると、訓練データに対して過学習してしまうまく予測できない[*31]、ということがありうるため、このようなアプローチがときに有効になります。

　微調整ベースのアーキテクチャの場合、BERTのような基盤モデルに対してテキストを入力し、〈CLS〉トークンのようなテキスト全体を表現する特殊トークンに対してラベルを付与し、分類または回帰タスクとして訓練したり、予測したりします。BERTを使うのであれば、こちらのやり方のほうが馴染みがある人が多いでしょう。このアーキテクチャはシンプルで理解しやすく、複数のモデルを組み合わせる必要もないので、深層学習を使うならまず初手で試すのはこちらかなと思います。一方、教師データが多くない場合は必ずしも期待したような性能が出ないこともありますし、予測がうまくいかない場合のエラー分析や改善が難しいので、学習曲線を描きつつ次の一手を考えるベースライン的な位置付けかと思います。

2-3-3 | 評価

　品質推定の評価は、多クラス分類タスクで行う場合はクラスごとの正解率（accuracy）で行うことが一般的です。クラス数が多い場合、ちゃんとスコアを正確に当てられているかの**厳しい評価**（strict evaluation）と、例えばプラスマイナス1までは許容するような**緩い評価**（lenient evaluation）、というように、評価を分けて行うこともあります。隣接するスコアの間違いはそんなに致命的ではないが、スコア1をスコア5には絶対間違えてほしくない、というような場合もあるためです。実際には、完全に自動でスコアを使うのではなく、人手でスコアを見ながら解釈する、というような使い方であれば、緩い評価のほうが体感の精度に近い、ということもあります。

[*31] 過去にできていたことができなくなってしまう現象のことを、**破壊的忘却**（catastrophic forgetting）と呼びます。事前学習では有用なモデルを訓練できていたのに、それができなくなってしまうので、これも破壊的忘却と呼んでもいいかもしれません。

表2.1 6段階のスコアによる予測の混同行列

正解＼予測	1	2	3	4	5	6
1	0	3	7	1	0	0
2	0	32	56	9	1	0
3	0	21	176	121	9	0
4	0	0	55	202	47	0
5	0	0	6	56	60	0
6	0	0	0	3	11	0

　また、それぞれの分類結果について、**混同行列**（confusion matrix）を描く場合もあります。混同行列を見ることで、それぞれどのスコアをどのスコアに間違えやすいのか、ということが一目瞭然でわかります。scikit-learn[32]のような最近のツールでは混同行列を**ヒートマップ**（heat map）の形で可視化して、正解・間違いに応じて色を変えることもできるので、エラー分析するときに特に役立ちます。

　表2.1に1〜6までの6段階でライティングの自動評価をした結果を混同行列で示しました。予測と正解が一致する対角線上の成分が大体一番高くなっているので、この自動評価システムは概ねうまく訓練できていると言えます。一方、正解が1なのに予測で2〜4を出してしまう場合が11件[33]、正解が2なのに3を出してしまう場合が56件あり、低いスコアの領域では実際より高めに予測してしまう傾向がある、ということがわかります。

　そして、混同行列に基づき、**重みつきカッパ係数**（QWK：quadratic weighted Kappa）という尺度を使うこともあります。これは多クラス分類問題でクラス間に順序関係があるような場合に、混同行列に基づき重みを与えて評価する尺度です。QWKでも予測が大きく外れた場合にペナルティを大きくすることができるので、strict/lenientのように分けて評価をしなくても、どれくらい正確に予測できているかを評価することができます。

---

[32] https://scikit-learn.org/
[33] スコア1については、この混同行列を見ると正解は1件もなく、訓練時にはあるのにテスト時にはないという状態なので、そもそも事例数が少なすぎて難しい、というケースであることもわかります。

$$\kappa = \frac{\sum_{i=1}^{k} \sum_{j=1}^{k} w_{ij} \cdot O_{ij}}{\sum_{i=1}^{k} \sum_{j=1}^{k} w_{ij} \cdot E_{ij}}$$

それぞれの変数は次のようになります。

1. κ：重み付きカッパ係数
2. w_{ji}：i, j要素に対する重み
3. O_{ij}：i, j要素に対する観測された一致率
4. E_{ij}：i, j要素に対する期待（無相関だとした場合の）一致率
5. k：カテゴリの個数

　回帰タスクとして行う場合は、どれくらいスコアを正確に当てられたか、という評価をしたいため、**平均二乗誤差**（mean squared error）を用いることが多いです。平均二乗誤差も、予測が外れれば外れるほど二乗でペナルティがかかるため、大きく外さないようなモデルを高く評価することができます。

$$\text{MSE} = \frac{1}{n} \sum_{i=1}^{n} (y_i - \hat{y}_i)^2$$

　ここで、nは事例数で、y_iはi番目の事例に対する正解ラベル（スコア）、$\hat{y}_i$はi番目の事例に対する予測ラベル（スコア）です。
　平均二乗誤差を使うことで、データ全体でどれくらい外しているか、ということを**定量的**（quantitative；対義語は定性的（qualitative））に見積もることができますが、平均二乗誤差が低いモデルがいいモデルかというと、必ずしもそうとは言い切れず、例えば、1〜5までのスコアがついているデータであれば、とにかく平均的なスコアを出しておけば大外しはしないので、大体3周辺のスコアを返すモデルが高く評価されることになります。
　平均二乗誤差の場合、正解から離れれば離れるほど二乗で大きくペナルティがかかってしまうので、そこまでスコアが離れていることに強いペナルティをかけたくない場合、**平均絶対誤差**（mean absolute error）を使うこともあります。

$$\mathrm{MAE} = \frac{1}{n}\sum_{i=1}^{n} |y_i - \hat{y}_i|$$

平均絶対二乗誤差のときと同様に、nは事例数で、y_iはi番目の事例に対する正解スコア、$\hat{y}_i$はi番目の事例に対する予測スコアです。

平均絶対誤差も平均二乗誤差とほとんど違いはありませんが、スコアそのものが直感的に理解しやすいという利点があります。

2-4 演習：品質推定

機械翻訳の品質推定の演習をします。機械翻訳の品質推定の場合、入力文と出力文の書かれている言語が違うため、**多言語モデル**（multi-lingual model）と呼ばれる複数の言語を同時に処理することができるモデルを使用します。

品質推定は回帰タスクとして解くことにすると、多言語モデルはBERTに基づく言語モデルを使用することになります。この場合、BERTは少量の教師データを用いて微調整して使うので、GPUを用いて訓練します。GPUを用いなくても深層学習モデルの訓練はできますが、CPUで訓練する場合と比較すると数十倍の時間がかかることが多いので、一般的にはGPUを用いるのです。一方、すでに訓練した品質推定モデルを用いてスコアをつける（推論する）だけの場合、必ずしもGPUを使わなくても十分な速度で推定できるかもしれません[34]。

機械翻訳はさまざまなデータセットが公開されており、**共通タスク**（shared task）というコンペティションでいろいろなタスクの提案や研究がなされていますが、その中でも最も有名なものはWMT（Workshop on Machine Translation）と呼ばれる国際会議で行われているもので、多くの研究者がWMTで公開されているデータセットを用いて研究を行っていま

---

[34] 自然言語処理分野では深層学習の訓練のためにGPUを用いることがほとんどですが、コンピュータ将棋のように推論能力が重要な場合は、コア数の多いCPUを使って推論することで、高速に動作させるアプローチをとることもあります。

す[*35]。ここではWMT 12から開催されている品質推定タスクを例にとって
演習を行います。

　品質推定にもさまざまな手法がありますが、現在最も手軽に使えるの
はBERTをベースとした深層学習を用いた手法でしょう。2020年に開催
されたWMT 2020の品質推定の共通タスクでトップの成績であった
TransQuest[*36]というシステムがBERTの一種であるXLM-RoBERTa[*37]
という言語モデルを用いて実装されており、pipで簡単にインストール
できるので、こちらを使いましょう。

```
> pip install -q transquest
```

　TransQuestはpandasのDataFrameでデータを入力します。text_a、
text_b、labelsという名前で、それぞれ入力文、出力文、スコアが含
まれるようなファイルを準備して読み込ませることで、DataFrameに
データを格納することができます。

```
import pandas as pd

df = pd.read_table("qe.tsv", usecols=["text_a",
    "text_b", "labels"])
df_train = df.sample(frac=0.9, random_state=43)
df_test = df.drop(index=df_train.index)
df_valid = df_train.sample(frac=0.1, random_state=43)
df_train = df_train.drop(index=df_valid.index)
```

　ここで用意されているデータは次のような形式です。

[*35] Transformerの論文として有名な "Attention Is All You Need" も WMT 2014のデータ
　　 セットを用いて機械翻訳タスクでの評価をしています。

[*36] https://github.com/TharinduDR/TransQuest

[*37] https://huggingface.co/xlm-roberta-large

表2.2 英日翻訳と翻訳品質のラベル

ID	text_a	text_b	labels
16	why did she come home early ?	なぜ彼女は早く帰ってきたのですか？	5
17	i like french food very much.	私はフランス料理がとても好きです。	4
51	i have done much writing this week.	今週はたくさん書きました。	4

　このデータを用いて品質推定を行います。BERTは入力の冒頭に
<CLS>という特殊なトークンを用いることで、入力全体に対するベクト
ル（埋め込み）を得ることができます。また、2文の間に<SEP>という特
殊なトークンを入れることで、文を区切ることができます。ここでは入
力の頭に<CLS>を入れ、次に英語の文に対応するトークン列、<SEP>、
最後に日本語の文に対応するトークン列を入れて入力とし、ラベルは
<CLS>に対してスコアを予測する、というアーキテクチャを用います。

図2.6 XLM-RoBERTaを用いた翻訳品質推定

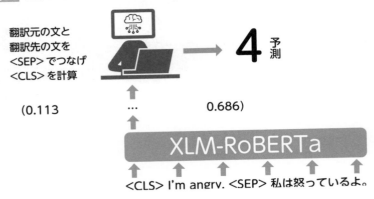

　それでは実際にXLM-RoBERTaを用いて品質推定モデルを訓練しま
す。人手で作成した品質推定ラベルを用いた評価は、ここでは**Pearson
の積率相関係数**（Pearson correlation coefficient）と **Spearman の順位
相関係数**（Spearman's rank correlation coefficient）、そして平均絶対誤

差を使います[38]。

```
from transquest.algo.sentence_level.monotransquest.evaluation ¥
    import pearson_corr, spearman_corr
from sklearn.metrics import mean_absolute_error
from transquest.algo.sentence_level.monotransquest.run_model ¥
    import MonoTransQuestModel
import torch

model = MonoTransQuestModel("xlmroberta", "xlm-roberta-base",
    num_labels=1, use_cuda=torch.cuda.is_available(),
    args=monotransquest_config)
model.train_model(df_train, eval_df=df_valid,
    pearson_corr=pearson_corr, spearman_corr=spearman_corr,
    mae=mean_absolute_error)
```

実行すると、訓練がスタートし、次のようなログが表示されます。

```
...
Epochs 0/10. Running Loss: 1.1564: 100%

31/31 [01:19<00:00, 1.78it/s]
Epochs 1/10. Running Loss: 0.1203: 100%

31/31 [01:38<00:00, 1.19it/s]
Epochs 2/10. Running Loss: 0.0915: 81%

25/31 [01:32<00:02, 2.92it/s]
(88,
 {'global_step': [11, 22, 31, 33, 44, 55, 62, 66, 77, 88],
  'train_loss': [16.302471160888672,
   7.365847587585449,
   1.1564013957977295,
   4.8238630294799805,
   2.174508571624756,
```

[38] Spearman は予測の順位が合っていれば高い相関となるのに対し、Pearson は（データ
が正規分布に従っているという仮定もありますが）予測のスコアが合っていなければ
高い相関とはなりません。そのため、Pearson は予測の外れ値に弱いという性質があ
るので、一度は**散布図**（scatter plot）を描いて眺めてみたほうがよいです。また、タス
クとして正しくスコアを予測している必要があるか（平均二乗誤差、平均絶対誤差ま
たは Pearson が適切）、あるいは人手の出力との間の順序関係が合っていればよい
か（Spearman や**Kendall の順位相関係数**が適切）、といった違いも考慮する必要があ
ります。

```
    0.6690673828125,
    0.12029343098402023,
    0.2302892804145813,
    0.34643271565437317,
    0.09147115796804428],
   'eval_loss': [15.637874841690063,
    5.08392071723938,
    1.731259435415268,
    2.5589183568954468,
    3.332801580429077,
    0.5044009983539581,
    0.4148251377046108,
    0.6465427372604609,
    0.4563712365925312,
    0.4763059951364994],
   ...
```

　これを見ると、訓練によって訓練および開発データでのロスが次第に
下がっていっていることが確認できます。

　さて、モデルが訓練できたらテストデータで評価します。品質推定の
場合は評価尺度の評価になるので、**メタ評価**（meta evaluation）とも呼
ばれます。

```
model = MonoTransQuestModel("xlmroberta",
    monotransquest_config["best_model_dir"],
    num_labels=1, use_cuda=torch.cuda.is_available())

result, model_outputs, wrong_predictions = model.eval_model(df_test,
    pearson_corr=pearson_corr,
    spearman_corr=spearman_corr,
    mae=mean_absolute_error)

print(result)
df_test['prediction'] = model_outputs
df_test
```

　ここでは開発データで最もロスが少ないモデルを用いてテストデータ
を予測し、そのときの評価尺度の値を出力させます。また、実際の正解
ラベルと予測スコアを同時に表示させます。実行すると、次のような結
果が出力されます。

```
Running Evaluation: 100%

4/4 [00:00<00:00, 41.97it/s]
{'pearson_corr': 0.04852445404880218, 'spearman_corr': 0.15257659684638827,
'mae': 1.6777197996775308, 'eval_loss': 2.981317937374115}

text_a text_b labels prediction
16 Why did she come home early? なぜ彼女は早く帰宅したのですか？ 5.0 2.826104
28 She wants to keep a cat. 彼女は猫を飼いたいと思っています。 5.0 2.724446
89 He arrived the day she left. 彼は彼女が去った日に到着した。 5.0 3.084685
104 I can't swim at all. 全然泳げない。 4.0 2.651160
118 We went to Boston, where we stayed a week. 私たちはボストンに行き、そこで一週
間滞在しました。 5.0 3.351787
```

　これを見てわかるように、今回は予測のスコアがほとんど3周辺のスコアを返してしまっています。この訓練では事例数が少なく、またほとんどの出力に5がついているというスコアに偏りがあるデータであったために、適切な訓練ができなかったのです。訓練データが少なすぎると微調整で調整しきれずこのようなことが起きるので、多くの正解ラベルが出現するような解像度の高いデータを準備することが大事です。

2-5 まとめ

　自然言語処理の定番タスク、評価極性分析と文書分類を例にとって分類システムを紹介し、文書の品質推定を例にとって回帰システムについて解説しました。分類タスクとして解くのがいいのか回帰タスクとして解くのがいいのかはケースバイケースですが、評価方法も含めて適切な手法を選択するための指針について解説しました。

練習問題

1. 評価極性分析の対象として、文を対象とする場合と文書を対象とする場合の利点と欠点について説明してください。

2. 多クラス分類と多ラベル分類の違いについて、それぞれ具体例を挙げながら説明してください。

3. 参照文を用いた評価と参照文を用いない評価の違いについて、それぞれ利点と欠点を挙げながら説明してください。

4. 分類問題と回帰問題とランキング問題の違いについて説明してください。

第 **3** 章

系列ラベリング問題の解き方

言語を対象とするタスクで分類タスクの次に
よく出会うのは、文をラベリングするタスク
です。文書分類や文分類は、文書や文に対し
てのラベルしか付与できませんが、実応用で
は文の中の個々の要素に対する予測をしたい
ことがあるからです。この場合、入力は何か
(例えば単語) のリストであり、出力はリス
トのそれぞれの要素 (系列 sequence) に対す
るなんらかのラベル (例えば品詞)、という
ことになります。前後にある文脈を手がかり
として構造を持った予測が可能である、とい
う点が特徴です。

　　系列ラベリング（sequence labeling）タスクとは、入力が系列（リスト）で与えられ、系列のそれぞれの要素に対するラベルを出力するタスクです。系列として文を文字に区切ったものが与えられる場合（単語分割）もあれば、単語に区切ったものが与えられる場合（品詞付与や固有表現認識）もあれば、文書を文に区切ったものが与えられる場合（文ラベリング）もあります。本章では、特に文をより小さい単位の要素（文字や単語）からなる系列にしてラベルをつける系列ラベリングタスクを扱います。

　　例えば、入力として文が入って来るとき、特定のキーワードが入っているときに何かの処理がしたい、というような設定を考えましょう。音声認識アシスタントで「28日の19時から国立駅周辺で日本料理が食べられるお店を教えて」という入力があったとき、いつどこで何をしたいのか、という情報を抽出したいのですが、「いつ」「どこ」に当たるような時間表現や地名（固有表現）を認識する必要があるのです。このとき、入力された文のここからここまでが時間表現や地名に対応する、という範囲（**スパン**と呼びます）を決める、というのがやりたいことです。

　　図3.1に固有表現認識タスクを示します。入力としてテキストを受け取り、なんらかの解析をして特徴量を抽出し（ここでは形態素解析をして品詞や見出し語を抽出しています）、それを元に人名や組織名といった固有表現と呼ばれるラベルをつける、というわけです。

図 3.1 固有表現認識タスク

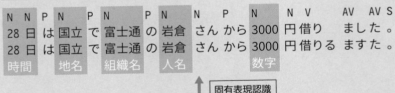

28日は国立で富士通の岩倉さんから3000円借りました。

このようなタスクの場合、どうするのがよいでしょうか？ 1-2で述べたように、複数のアプローチが考えられます。

1. ルールベースのアプローチ

   一番簡単な手法はルールベースの手法です。手元に検出したい表現のリストがあれば、これを元に正規表現を書いてパターンマッチすればよさそうです。

2. 統計ベースのアプローチ

   簡単な手法は形態素解析を用いる手法です。形態素解析器を使えば、入力を単語に分割し、それぞれに品詞をつけることができます。この品詞が時間表現や地名にマッチする部分を抜き出せばよさそうです。

3. 機械学習ベースのアプローチ

   人手で固有表現のラベルが付与されたコーパスがあれば、機械学習によって自動でラベルを付与するモデルを訓練する、という手法が一番精度が高くできそうです。

4. 深層学習ベースのアプローチ

   今はさまざまな深層学習フレームワークが存在し、手軽に実装することができるので、すでに慣れている人にとっては試しやすい手法であるかもしれません。あるいは、few-shot学習であれば微調整のためのデータですら作成しなくてもよいので、魅力的です。

本章では固有表現認識からスタートし、形態素解析、誤り検出という3つの系列ラベリングタスクでそれぞれのアプローチを解説します。

3-1 固有表現認識：固有表現を見つける

　まず、系列ラベリングタスクとして定式化されることの多い定番の要素技術を取り上げてみます。固有表現認識（固有表現抽出）タスクです。

　固有表現認識（named entity recognition）とは、人名・地名・組織名といった固有名詞や、日付表現、時間表現などの数値表現で構成される**固有表現**（named entity）をテキストから認識するタスクです。系列ラ

ベリングタスクとして解く場合、入力は文や文章といったテキスト（トークン列）で、出力は固有表現に該当するトークンに対するラベルです[*1]。

Column

固有表現認識と関連するアプリケーションとして、情報抽出があります。情報抽出とは、与えられた入力から有用な情報を抽出するタスクの総称です。

情報抽出（information extraction）は、何を「有用な情報」と見なすかで、さまざまなバリエーションがあります。最もシンプルな設定では、入力テキストが与えられたとき、出力として重要箇所を抜き出す、というものです。重要箇所も、アプリケーションごとに何を重要とするかはまちまちですが、「ここからここまで」というような範囲（スパン）を同定するという場合もあれば、「手塚治虫は鉄腕アトムの著者」といったn項関係（「手塚治虫」がx、「鉄腕アトム」がy、著者関係がrとして $<r, x, y>$ という3つ組として定義されます）を抽出する、という場合もあります。

また、情報抽出の目的として、辞書のような知識ベースの構築を目的とすることもあれば、文書要約や対話のような自然言語処理におけるパイプラインの入力として、必要なスロットを埋める要素の抽出を目的とすることもあります。例えば、音声アシスタントに対する問いかけで、20分のタイマーをかけてほしい、というユーザの操作意図を抽出するタスクは、インテント抽出と呼ばれる情報抽出タスクになります。

ちなみに、筆者が大学院生のときに取り組んでいたのは情報抽出のために用いる要素技術の1つ、述語項構造解析と、抽出のアルゴリズムの1つ、ブートストラッピングという弱教師あり学習手法でした。大規模言語モデル時代にも残っているのは、作ったデータくらいかなという気もしています。10年以上生き残る研究をするのは難しいですね。

3-1-1 ┃ ルール・統計ベース

固有表現認識自体をルールで行うのは難しいのですが、形態素解析と組み合わせることで、機械学習のためのラベル付きコーパスがなくても固有表現認識を行うことができます。具体的には、品詞が固有名詞となっているトークンと、数値表現のような文字列を正規表現で抜き出す、というアプローチです。

[*1] 大規模言語モデルを用いて「以下の文から地名を抽出してください。」というようなプロンプトを使用し、固有表現を抽出することも可能なので、固有表現認識タスクは必ず系列ラベリングタスクとして定式化されるというわけではありません。

　アプリケーションによっては、固有表現そのものを抽出したいわけではなく、固有表現に類する何かを抽出する、ということがしたい、というケースがあるので、その場合はこのようなルールベースの手法でも目的を達成することができる、というわけです。

> **Column**
>
> 　日本語の固有表現認識器として最も使いやすいツールはCaboChaです。CaboChaは依存構造解析をする副産物として、固有表現ラベルが出力されます。これはIREXという固有表現のラベル集合に基づく固有表現ラベルを出力します。また、KNPも構文解析の副産物として固有表現認識結果を出力します。KNPは実行速度が遅くモデルファイルも巨大なので（それぞれ高度な解析のためですが）、固有表現ラベルのみが欲しい場合はCaboChaを使うことが多いでしょう。

　また、ノイジーなテキストを相手に固有表現認識を行う場合、ルール（知識）ベースの手法と機械学習ベースの手法のハイブリッドにすることもあります。具体的には、**地名辞典**（gazetteer；ガゼッティア）と呼ばれる固有表現のリストが手元にあって、更新が頻繁にされていて十分カバー率があるような場合、リストにマッチする文字列だけを対象に、この文字列が固有表現か否か、という分類問題を解く、という手法で固有表現認識をする、というようなアプローチです。このアプローチだと、文脈だけから未知の固有表現を認識する、というようなことはできないのですが、アプリケーションによってはそもそも未知の固有表現を抽出する必要がない場合（例えば固有表現に対する読みが必要で、単に未知の固有表現だけが抽出できても意味がない場合）もあるので、そういう場合に効率的に固有表現認識を行うことができるのです。

3-1-2　機械学習ベース

　固有表現認識は一般的には系列ラベリングタスクとして定式化されます。図3.2で示すような**BIOラベル**（BIO labeling）付けが広く用いられます。BIOラベル付けとは、系列の中の複数の要素（トークン）に対してラベルをつけたい場合、前後の要素も考慮してラベルをつけたほうが解

析しやすいので、ラベルを分割してつける方法の1つです。例えば、固有表現認識で人名ラベルをPERSONとしてつけるとすると、複数形態素に渡るような人名ラベルは、最初の形態素のみB-PERSONラベル（BeginのB）をつけ、2番目以降の形態素にはI-PERSONラベル（InsideのI）をつける、といった具合です。固有表現以外の形態素には0ラベル（OtherのO）をつけます。

図3.2 BIOラベル付けによる固有表現認識

単語	品詞	ラベル
2	名詞 - 数	B-TIME
月	名詞 - 一般	I-TIME
29	名詞 - 数	I-TIME
日	名詞 - 接尾	I-TIME
に	助詞 - 格助詞	O
ロンドン	名詞	B-LOC
ヒースロー	名詞 - 固有名詞	B-LOC
空港	名詞 - 一般	I-LOC
から	助詞 - 格助詞	O
帰国	名詞 - サ変接続	O
する	動詞 - 自立	O
。	記号 - 句点	O

　固有表現がラベル付けされたコーパスをBIOラベルに変換すれば、あとは系列ラベリングのツールキットを走らせれば固有表現認識器ができます。系列ラベリング問題は、系列の個々の要素に対する分類・予測問題として解く場合は、任意の多クラス分類器を使うことができます。例えば、最大エントロピー法（ロジスティック回帰）やSVMを使う手法があります。一方、系列ラベリングでは、**CRF**（conditional random field；条件付き確率場）を用いる手法も広く用いられています。CRFは、系列ラベリング問題を要素ごとの分類問題としてではなく、系列全体に対する分類問題として扱います。そのため、3-2-3で説明するようなバイアスの影響を受けにくい、という特長があります。固有表現認識タスクでは、特に複数の形態素間でのラベルに依存関係があるため、

CRFが最も精度が高いと言われています*2。深層学習時代でも深層学習で素性抽出したあとにCRFを組み合わせるアプローチが有効で、LSTM-CRFという手法が有名です*3。

SVMやCRFで系列ラベリング問題を解くときによく使われるのが、**素性テンプレート**（feature template）と呼ばれるテンプレート機構です。素性テンプレートというのは、モデルを実行するときに動的に素性を展開するためのしかけであり、すべての素性をいちいち書き下す必要がなくなる、という便利なしくみです。素性テンプレートは、訓練データに対してマッチする箇所があれば実際の素性に展開され、展開された素性の重みが訓練される、というわけです。

図3.3に素性テンプレートと展開後の素性の例を挙げます。コロンの前は素性テンプレートのIDで、区別しやすいような名前が付けられています（この例で言うと、ユニグラム素性のテンプレートはUnigramから名前を取って U で始まっていますし、バイグラム素性のテンプレートはBigramからBで始まっています）。コロンの後ろは動的にデータにマッチする文字列が展開される部分で、今回は入力が形態素列なので、前後の形態素から抽出した素性に置き換えられます。

それぞれのタスクに応じてどのようなテンプレートが有効かは異なりますが、「現在の形態素の品詞が固有名詞で次の形態素の品詞が助詞」という組合せ素性を簡単に実現することができ、訓練データで頻度の低い素性は頻度でフィルタリングしたりすることで、過学習を防ぎながら精度の高い素性を抽出することができます。

---

*2　よく使われているのは linear-chain CRF と呼ばれる手法で、前後1つのラベルを考慮します。前後2つ以上のラベルを考慮する semi-Markov CRF という手法もあります。

*3　出力ラベル間の依存関係を考慮せずに訓練しても、訓練データは正しい系列ラベルになっているため、ほとんどの場合は正しく訓練することができますが、稀にあり得ないようなラベル系列（例えばB-PERSONラベルがないのに突然Oラベルの直後にI-PERSONラベルが出てきたりする）が出力されることもあり、後処理であり得ないラベル系列を修正することもあります。

図3.3 固有表現認識の素性テンプレート (cabocha-0.68 の ne.ipa.txt)

素性テンプレート	意味	展開後の素性
U00:%x[-2,0]	2個前の形態素	U00:3月
U01:%x[-1,0]	1個前の形態素	U01:から
U02:%x[0,0]	対象の形態素	U02:東京
U03:%x[1,0]	1個先の形態素	U03:に
U04:%x[2,0]	2個先の形態素	U04:戻る
U05:%x[-1,0]/%x[0,0]	1個前からの形態素バイグラム	U05:から/東京
U06:%x[0,0]/%x[1,0]	1個先への形態素バイグラム	U06:東京/に
B	ラベルの遷移バイグラム	B-PERSON/I-PERSON

3-1-3 | 深層学習ベース

　完全に深層学習ベースで作るとすると、固有表現ラベル付きコーパスを用いてBERTを微調整するアプローチがシンプルで、簡単に作ることができます。それぞれの言語あるいは多言語の大規模データで事前学習されたBERTを用いることで、容易に高い精度の固有表現認識器が構築できることが知られています。

　また、固有表現認識はラベル間の依存関係が予測に関する重要な制約になるため、訓練データが少ないLSTM-CRFまたはそれを双方向化したBiLSTM-CRFを用いるのがスタンダードな手法です。BERTと組み合わせる場合、BERTを素性抽出器として使い、BiLSTM-CRFの入力に用いることもできます。固有表現認識は周辺の文脈だけでなく認識対象の表現がどのような文字から構成されているか、ということも手がかりとして使える（例えばすべて大文字であるとか、単語の末尾が-tonで終わっているか）ので、トークン内の文字列からトークンのベクトル表現を作るFlair embeddings[*4]という手法も言語によらず強力で、有力な手法です。

　図3.4にBiLSTM-CRFの構造を示します。BiLSTM-CRFは前後の情報をBiLSTM部分が保持し、なおかつラベルに対する制約（例えばIラベルは単独では出現しない）はCRF部分が担うことができるので、固

---

*4　https://github.com/flairNLP/flair

有表現認識に適切なアーキテクチャなのです。また、Flairも前後の文字の情報を文字単位のBiLSTM部分が保持しています。

図3.4 BiLSTM-CRFの構造

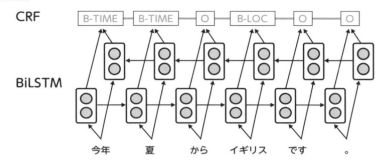

深層学習モデルで固有表現認識をしたい場合はLUKE[*5]がおすすめです。マスク言語モデルで事前学習するとき、単に単語をマスクするだけでなく、固有表現もマスクしてWikipediaを用いて事前学習することで、固有表現に関するタスクがよく解けるようになる、という手法です。日本語の固有表現認識データセットで微調整したモデル[*6]も公開されています。

3-2 形態素解析：単語分割・品詞推定・見出し語化

自然言語処理で最も基礎的な解析といえば、多くの人が**形態素解析**（morphological analysis）と答えるでしょう。形態素解析というタスクは大雑把に言うと図3.5に示すような単語分割と品詞推定と見出し語化という3つのサブタスクに分解することができます。**単語分割**（word segmentation）は入力の文字列を単語単位に分割する処理、**品詞推定**（POS tagging）は単語に対して品詞を付与する処理、そして**見出し語化**（lemmatization）は単語の正規化のために原形の形にすることです。

[*5] https://github.com/studio-ousia/luke
[*6] https://huggingface.co/Mizuiro-sakura/luke-japanese-base-finetuned-ner

Column

　日本語を処理するときには単語分割は避けて通れない処理の1つでしたが、文字単位で処理することで単語分割をしない、というアプローチもあります。中国語のように語と文字の境界が曖昧な言語では文字単位での処理も合理性がありますが、日本語のように漢字とひらがな・カタカナを混在させて書くような言語では、文字より長い単位で処理をするのは経験的には効果があります。

　また、文字単位をさらに進めてバイト単位で処理をする、というのも頑健な自然言語処理ツールを作るときには有効である、ということが知られています。例えば、言語識別タスクではバイト列 (bag-of-wordsならぬbag-of-bytes) で処理する、といったことも珍しいことではありませんでした。近年深層学習手法でも、文字単位からバイト単位まで細かい粒度で処理するアプローチが再度脚光を浴びています。

　例えば、Byte fallbackと呼ばれる手法は、文字単位で処理できなかったらバイト列まで分解することで、未知語をなくすアプローチです。ときどき文字の途中で切れてしまい、変な出力が出ることもありますが、ほとんどの場合はうまく動きます。

図3.5 単語分割と品詞推定と見出し語化

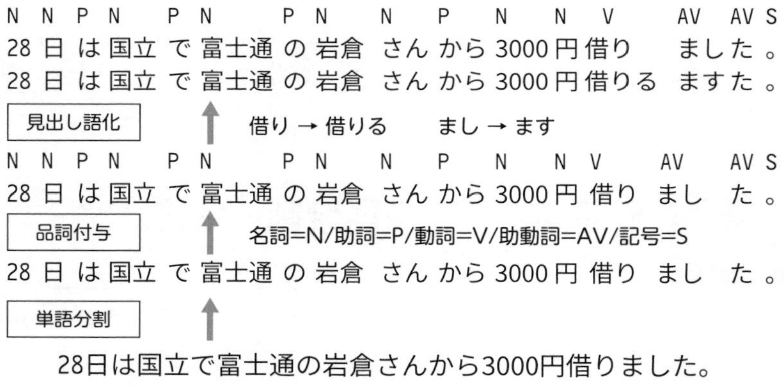

```
N N P N  P N    P N   N  P  N   N  V    AV  AV S
28 日 は 国立 で 富士通 の 岩倉 さん から 3000 円 借り   ました 。
28 日 は 国立 で 富士通 の 岩倉 さん から 3000 円 借りる  ますた 。
```
見出し語化 ↑ 借り → 借りる　　まし → ます
```
N N P N  P N    P N   N  P  N   N  V   AV   AV S
28 日 は 国立 で 富士通 の 岩倉 さん から 3000 円 借り まし  た 。
```
品詞付与 ↑ 名詞=N/助詞=P/動詞=V/助動詞=AV/記号=S
```
28 日 は 国立 で 富士通 の 岩倉 さん から 3000 円 借り まし  た 。
```
単語分割 ↑

　　28日は国立で富士通の岩倉さんから3000円借りました。

　単語分割は入力されたテキストを単語に分割する処理を指します。日本語や中国語、タイ語のような言語は、テキストを書くときに単語境界を明示的に書きません。そのため、後段の処理をするときに、単語の情報を必要とする場合には、単語分割をする必要があるのです。自然言語処理の多くのツールは、単語分割済みのテキストを入力として受け付けるように作られているため、日本語でそれらのツールを使いたい場合には単語分割が必要、という事情もあります。

　ここまで「形態素」「単語」と言っていますが、「**形態素**（morpheme）」というのは「言語で意味を持つ最小単位」のことを指します。「イギリス人」という単語がありますが、これは「イギリス」という形態素と「人」という形態素に分かれます。「イギリス」を「イギ」と「リス」に分けたら「イギリス」の意味にならない一方、「イギリス」と「人」はそれぞれ国の名前、どこそこ出身の人という意味を表す接尾辞として分解できるので、この2つに分けるのが最小の単位、というわけです。

> **Column**
>
> 　一方、英語のcranberryという単語の中に出てくるcran-という形態素は、イチゴ（strawberry）やラズベリー（raspberry）のような-berryという接尾辞と異なり、それ単体で独立した意味や文法的機能を持たない形態素（拘束形態素）で、言語理解のためにこのような語構成を解析できることは重要なのですが、実用的なシステムでこれを分割することに意味があるのかはよくわかりません。

　また、「単語」という概念は議論のあるところです。例えば、国立国語研究所では単語そのものの定義をすることは断念し、目的に合わせて図3.6のような「短単位」「長単位」といった異なる粒度の単位を定義し、ユーザがそれらを組み合わせて使うように設計されています[*7]。例えば、用例の収集や検索では曖昧性なく解析できる単位として「短単位」を用いるが、言語的な特徴をとらえたいときは文節を基にして分割する「長単位」を用いる、などといった具合です。「中単位」は音韻的な解析のために使う単位ですが、自然言語処理ではあまり使われません[*8]。長単位の解析にはComainu[*9]というツールがありましたが、比較的新しい基盤ツールであるGiNZA[*10]にも長単位相当の解析モードが搭載されました。ちなみに、長単位は文節の認定を行ったうえでの解析結果から計算し、中単位は長単位の解析結果から計算するので、単位認定の手順は短

[*7]　https://clrd.ninjal.ac.jp/bccwj/morphology.html
[*8]　例えば、「枝垂れ桜」の「桜」を「しだれざくら」と読むように、2語が連結して1語になるときに後ろの単語の冒頭が濁る「連濁」という現象がありますが、中単位を跨ぐとこれが起きません。
[*9]　http://comainu.org/
[*10]　https://megagonlabs.github.io/ginza/

単位→中単位→長単位のようなパイプラインになっているわけではありません。

図3.6 短単位と中単位と長単位

単位	くにたち	さくら	フェスティバル	に	参加	し	た
短単位	名詞	名詞	名詞	助詞	名詞	動詞	助動詞
中単位	名詞	名詞		助詞	名詞	動詞	助動詞
長単位	名詞			助詞	動詞		助動詞

広く使われている形態素解析用の辞書にも、IPADic、JUMAN辞書、NAIST-jdic、UniDic、そしてSudachi辞書があり、それぞれ特徴が違います。

1. **IPADic**（アイピーエーディックまたはアイピーエー辞書）
   IPA品詞体系に基づく辞書です。IPADicは自然言語処理のために作成された辞書なので、日本語処理をするに当たってとりあえず使う辞書としてはこれが一番使われています。ライセンスはIPAライセンスという独自ライセンスですが、このライセンスに書かれているICOTという組織が消滅しているため、現在ライセンスがよくわからないという問題があります（そのため例えばDebian Linuxではnon-freeに分類されています）。この問題を解決しようと作成されたのが、NAIST-jdicです。IPADicをベースに、Webから自動獲得した単語を追加するための**IPADic-NEologd**（アイピーエーディック・ネオログディー）という辞書[*11]もあります。IPADicの弱点である新語が大量に含まれています。一方、Wikipediaから抽出されたドラマの名前が一語として単語分割されたり、意図しないような結果になる副作用もあります。

[*11] 新語は常に生まれるので、定期的にリリースすることが当初の目的に入っていましたが、最終更新が2020年で、最近は更新が止まっています。コミュニティベースの開発だと継続的に続けるのは難しいのですが、プロプライエタリなシステムと異なり他の人が引き継ぐことができるのもコミュニティベースのよいところなので、このような地道で重要な取り組みをサポートしてくれる人が増えるといいなと思っています。

2. **JUMAN辞書**（ジュマン辞書）

JUMAN品詞体系に基づく辞書で、形態素解析器JUMANで用いられています。用途に応じてサイズの異なる複数の辞書が提供されています。最近はWikipediaから自動獲得した語彙も含まれるため、カバーされている単語がかなり多くなりました。また、カテゴリの情報や代表表記といったメタ情報が豊富に含まれているので、ルールベースの手法と組み合わせて使いやすいです。

3. **NAIST-jdic**（ナイストジェーディック）

IPADicのライセンス問題を解決するため、全数チェックによって確認している辞書です。IPADicのようなライセンス問題はありませんが、重要な語がまだ含まれていないことがあるので、日常的にこの辞書を使うのはやめておいたほうがよいでしょう。

4. **UniDic**（ユニディック）

UniDic品詞体系に基づく辞書です。国立国語研究所を中心にメンテナンス[*12]されていて、現在でもアクティブにエントリが追加されているという意味では使いやすい辞書になります。図3.6のような「UniDic短単位」（国語研の「短単位」とも微妙に違う）によって分割されていて、可能性に基づく品詞体系を採用しているので、解析結果の揺れは少なくなっていますが、必ずしも自然言語処理的に有用な単位となっていないという指摘があります。話し言葉用のUniDicや古文用のUniDicもあります。

5. **Sudachi辞書**（スダチ辞書）

日本語形態素解析Sudachi[*13]と一緒に配布されている辞書です。UniDicの短単位相当の単位、IPADicに似た中単位相当の単位、IPADic-NEologdのように固有名詞や複合名詞が含まれる長単位相当の単位があり、継続的にメンテナンスされています（数ヵ月おきにリリースされています）。

このように、それぞれの辞書は特徴が異なるため、目的に応じて適切な辞書を選択する、ということも重要です。

[*12] https://clrd.ninjal.ac.jp/unidic/

[*13] https://github.com/WorksApplications/Sudachi

Column

　日本語処理を対象とした論文を書くとき、どの形態素解析器を使ったか、ということをまったく書かないと実験の再現性がないために必ず書くべきですが、どの形態素解析器（のどのバージョンを）使ったか、ということと同じかそれ以上に、どの辞書を使ったのか、ということが重要である、ということがあまり認知されていません。MeCabを使った、と書かれていても、MeCabでIPADicを使ったのか、それともUniDicを使ったのか、それともNAIST-jdicを使ったのか、でかなり結果が違うことが往々にしてあります。研究室の学生が論文を書くときには、必ず使った辞書が何であったかを（日本語処理の論文を英語化して国際会議に投稿する場合でも）明記するよう指導していますが、みなさんも形態素解析器を使うときは、どの辞書を使っているのかは意識するようにしてみてください。

3-2-1 ｜ ルールベース

　ルールベースの形態素解析手法は、ヒューリスティックなルールを用いて単語（トークン）を分割します。実はヨーロッパの言語はほとんどルールでよいことが多く、例えば統計的機械翻訳のデファクトスタンダードである Moses というツールキットや NLTK という Python の自然言語処理ツールキットの中には、`tokenizer.sed`というルールベースの単語分割ツール[*14]が含まれています。英語だと基本的には空白文字で区切ればよく、`I'm`のような縮約形の場合に `I` と `'m` に分割する、というようなルールを書けばよい、という訳です。

　図3.7には`tokenizer.sed`の抜粋を載せました。1行に1つの正規表現が書かれていて、s=（変換前）=（変換後）=gのように=で挟まれた部分にルールが書かれています[*15]。正規表現のパターン内でカッコを使ってグループ化し、後方参照を使って取り出すことで、空白を挿入するルールをまとめて書くことができます。

[*14] https://www.nltk.org/api/nltk.tokenize.treebank.html

[*15] s/foo/bar/gのように慣習的には / を区切り文字に使うことが多いですが、パターンの中に / が出てきてしまう場合など、区切り文字をこのように変更することもできます。

図3.7 tokenizer.sedの抜粋

```
s="= '' =g
# possessive or close-single-quote
s=\([^']\)' =\1 ' =g
# as in it's, I'm, we'd
s='\([sSmMdD]\) = \1 =g
s='ll = 'll =g
s='re = 're =g
s='ve = 've =g
s=n't = n't =g
s='LL = 'LL =g
s='RE = 'RE =g
s='VE = 'VE =g
s=N'T = N'T =g

s= \([Cc]\)annot = \1an not =g
s= \([Dd]\)'ye = \1' ye =g
s= \([Gg]\)imme = \1im me =g
s= \([Gg]\)onna = \1on na =g
s= \([Gg]\)otta = \1ot ta =g
s= \([Ll]\)emme = \1em me =g
s= \([Mm]\)ore'n = \1ore 'n =g
s= '\([Tt]\)is = \1 is =g
s= '\([Tt]\)was = \1 was =g
s= \([Ww]\)anna = \1an na =g
```

　一方、前述した日本語や中国語のような言語では、単純なルールのみ
で分割することは難しく、少なくとも形態素解析用の辞書が必要です。
では、辞書があればルールで分割できるのでしょうか？ 答えはイエス
であり、ノーでもあります。

　形態素解析用の辞書がある場合は、**最長一致法**（longest match）とい
うヒューリスティックなルールを用いることで、単語分割や形態素解析
を行うことができます。入力の文字列に対し、辞書に含まれる最長とな
る単語を貪欲にマッチしていく、というアルゴリズムです。

　この手法は辞書のカバー率が大きい場合、単純な手法の割にはうまく
動きます。また、日本語と比べると中国語は「ひらがな」「カタカナ」に
相当するような文字がないために、最長一致でもかなり高い（機械学習
の手法に迫るくらいの）精度が得られることも知られています。そし
て、日本語を対象とした場合でも、例えば入力がWebテキストのよう

にノイズが多いようなテキストだった場合、抽出してほしい単語をピンポイントで安定して切り出すことができる、という利点もあります[16]。

裏を返すと、日本語や中国語のような形態素解析が複雑な言語を対象としているのに、辞書のカバー率が高くない場合、ルールベースの手法はとるべきではないでしょう。機械学習ベースの手法の中には、コーパスがあれば必ずしも辞書を必要としない手法もあるので、辞書の代わりに形態素情報が付与されたコーパスがあるなら、機械学習ベースの手法をとったほうがよいです。

最長一致法をベースに作られた形態素解析器には、Jagger[17]があります。他の形態素解析器とほとんど遜色ない精度で、高速かつ省メモリで動作します。また、機械学習の手法のように重みを訓練する必要がないため、訓練も高速に行うことができます。

また、形態素解析の辞書の他にもさまざまなルールをたくさん書くことで、形態素解析器を作ることもできます。そのようにして作られている形態素解析器がJUMAN[18]です。

JUMANは京大言語メディア研究室でメンテナンスされている形態素解析器です[19]。1-2-1で触れたとおり、JUMANにはたくさんのルールが実装されており、辞書のコスト（連接）も人手で付与されています。

---

[16] 統計ベースや機械学習ベースの手法だと、入力全体の系列を見て最適な結果を出してくれるのですが、ノイジーな入力の場合は一部の解析誤りが全体に伝播するリスクがあるのです。

[17] https://www.tkl.iis.u-tokyo.ac.jp/~ynaga/jagger/index.ja.html

[18] https://github.com/ku-nlp/juman

[19] JUMANはWebから自動抽出した語彙を含めるようになってから遅くなりましたが、書き直して高速になったJuman++ (https://github.com/ku-nlp/jumanpp) というツールもリリースされています。Juman++はルールベースではなく、リカレントニューラルネットワークを用いています。

図3.8 JUMANのソースコード (dic/JUMAN.connect.c) の抜粋

```
((VerbBasicForm            ;「書くだろう」
  IAdjBasicForm            ;「美しいだろう」
  (＊ ＊ ダ列タ形)          ;「〜だっただろう」
  (＊ ＊ デアル列基本形)    ;「〜であるだろう」
  (＊ ＊ デアル列タ形)      ;「〜であっただろう」
  (助動詞 ＊ 助動詞ぬ型 基本形)   ;「書か ぬ だろう/でしょう」
  ※実は「ぬだろう」は一語
  (助動詞 ＊ 助動詞ぬ型 音便基本形));「書か ん だろう/でしょう」
  ※実は「んだろう」は一語
      ((助動詞 ＊ 助動詞だろう型))
)
```

　本書では構文解析については触れませんが、KNP（黒橋・長尾パーザー）もルールベースの日本語の構文解析（意味・談話解析）器であり、どのような事例が根拠となってこういうルールが追加されたか、というような話もソースコードのコメントに書かれているので、ルールベースの日本語処理をしよう、と思った人は、一度見てみると参考になると思います[20]。

3-2-2 統計ベース

　統計ベースの形態素解析器として著名なのはChaSen[21]です。ChaSenは**隠れマルコフモデル**（HMM：hidden Markov model）に基づくアプローチです。入力の文字列からラティスを構築し、動的計画法の**Viterbiアルゴリズム**によって形態素解析の推定をします。ラティスを構築するときのコストの推定に、HMMを用いて単語の生起コストや連節コストを推定しています[22]。

　JUMANはコストを人手で推定する必要があるため、解析エラーが見つかったときも人手で単語生起コストや連接コストを修正しなければならず、メンテナンスが難しいという問題がありましたが、ChaSenでは

---

[20] ルールベースだと、いろいろな人が手を加えていくと、メンテナンスコストが増大する、ということも体験できるでしょう。

[21] https://github.com/kazuma-t/chasen/

[22] 自然言語処理における「隠れマルコフモデル」は、マルコフ性を仮定するクラスが隠れ状態になっておらず、品詞や素性のように観測できるクラスを用いているので、単なるマルコフモデルと呼ぶほうが適切ですが、歴史的に「隠れマルコフモデル」と呼ばれます。

コーパスから自動で単語生起コストや連接コストを推定してくれるため、解析エラーの事例も蓄積することで継続的な改善が可能であるという利点がありました。

しかしながら、現在はChaSenの辞書のコスト推定ツールは公開されておらず、新しい単語を追加したい場合はすでに公開されている辞書に人手でエントリーを（コストを適切に決めて）追加する必要があるため、新規に開発する場合にChaSenを用いることは稀でしょう。

3-2-3 機械学習ベース

機械学習ベースで形態素解析器を作る場合、大きく分けると2通りの方法があります。ひとつはHMMのようにラティスを構築して動的計画法で最適な系列を予測する従来通りの方法と（系列予測）、もうひとつ

[*23] https://github.com/rsennrich/subword-nmt
[*24] https://github.com/google/sentencepiece

は文字ごとに単語境界を推定する単語分割器を作成する方法（点推定）です。後者の場合、単語分割をしたあとにパイプライン処理として品詞推定をしたり、必要があれば読み推定や見出し語化をしたりする、ということになります。いずれの場合も形態素情報が付与されたコーパスを用いて機械学習する、というのがスタンダードなやり方です。

■ 系列予測

　従来の系列全体を推定する手法の利点は、ラティス（lattice）のノードやエッジに付与するコストの推定に機械学習を用いる一方、HMMと同じく最小コスト法に基づき Viterbi アルゴリズムで予測する部分は変わらないので、統計的な手法の自然な拡張と考えることができる点です。特にCRF（conditional random fields）を用いた手法は、文全体の可能な系列を見てコストを調整するので、**ラベルバイアス**（label bias；局所的には正しそうに見えるラベル系列を選んでしまうバイアス）や**長さバイアス**（length bias；短い系列、つまりノードの少ない系列が長い系列よりも選ばれやすいバイアス）と呼ばれる系列ラベリングタスク特有のバイアスの影響を受けにくく、実用上も高い精度で解析できます。

図3.9 系列予測による日本語入力（かな漢字変換）

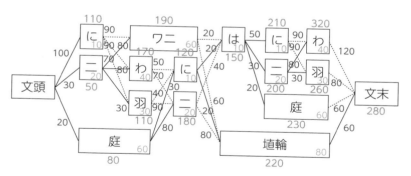

　図3.9は系列予測を日本語入力（かな漢字変換）に用いた例です。「にわにはにわ」という入力に対し、辞書引きして可能な読みに対応するノードを作成し、辞書引きしたときに得られた生起コストをノードに付与し、連接行列を参照して得られた連接コストをエッジに付与して、ラ

ティスを構築します。ここでは、かな漢字変換は文頭から文末までノードとエッジをたどった場合の連接コストと生起コストの総和が最少となるような経路を見つける、という探索の問題として定式化されます。Viterbi アルゴリズムを用いて、文頭から順番にノードを探索し、そのノードに到達する最小のコストとなるようなエッジを残して文末まで探索することで、いちばんもっともらしい変換列を得ることができます。図3.9では、探索の結果残ったエッジのみ実線にして、そのときの経路のコストを黒字で示しています。このように探索すると、文末から文頭までたどれる経路は1通りしか残らず、変換列は「庭に埴輪」であることがわかります。日本語入力の場合はいちばんもっともらしい変換結果だけではなく、同音異義語なども含めた上位 n 個の変換候補（n-best; エヌベスト）もほしいのですが、これは A*（エースター）アルゴリズムを使って計算することができます。

このような系列予測方法を採用する形態素解析ツールにはMeCab[*25]やSudachi[*26]（SudachiPy）、Kuromoji[*27]やJanome[*28]、Kagome[*29]などがあります。未知語の処理がどれくらい制御可能かといった細かい部分の使い勝手がツールによって異なりますが、基本的にはユーザ辞書はどのツールもサポートしているので、開発であれば、開発で使用している言語（Java, Pythonなど）に合わせて使えばよいでしょう[*30]。形態素解析結果に最も影響を与えるのは、解析アルゴリズムではなく使用辞書であり、辞書が同じなら解析結果も大体同じです。

しかしながら、これらのツールは基本的には事前に構築された辞書を指定して解析することに特化しており、自分で辞書そのものを構築する（コストを推定する）のであれば、事実上のデファクトスタンダードであるMeCabの辞書学習ツールを使います。MeCabを用いた辞書のコス

＊ **25**　https://taku910.github.io/mecab/

＊ **26**　https://github.com/WorksApplications/Sudachi

＊ **27**　https://github.com/atilika/kuromoji

＊ **28**　https://github.com/mocobeta/janome

＊ **29**　https://github.com/ikawaha/kagome

＊ **30**　研究であれば、前処理として使うにはほぼMeCab一択です。形態素解析器そのものの研究であれば別です。

トの訓練方法については公式ドキュメントに詳しいです[*31]。

MeCabの公式ドキュメントは過不足なくほぼ網羅して書かれていますが、気をつけるべきは`feature.def`の定義で、シード辞書・訓練コーパスの素性のフォーマットに揃えて用意する必要があります。IPADicをベースに（再）学習する場合とUniDicをベースに（再）学習する場合は`feature.def`も異なりますので、それぞれフィールドが合っているか確認してください。

図3.10にMeCab-UniDicの`feature.def`の抜粋を示しました。図3.3の素性テンプレートと同様のフォーマットで記述されており、`:`の左側は素性テンプレート名、右側は必要に応じて動的に展開される素性になっています。それぞれの素性が何に対応するのかを把握しやすくするために、コメント内に`F[0-4]`(parts-of-speech = 品詞)や`F[4]`(conjugation type = 活用型、「五段-カ行」)、`F[5]`(conjugation form = 活用形、「命令形」)などが何を現すのか書かれています。この定義はMeCab-IPADicとは異なるので、注意しましょう。

図3.10 MeCab-UniDicのfeature.defの抜粋
シャープで始まる行はコメント

```
# F[0]: pos1
# F[1]: pos2
# F[2]: pos3
# F[3]: pos4
# F[4]: cType
# F[5]: cForm
（中略）
UNIGRAM G01:%F[0]
UNIGRAM G02:%F[0],%F?[1]
UNIGRAM G03:%F[0],%F[1],%F?[2]
UNIGRAM G04:%F[0],%F[1],%F[2],%F?[3]

UNIGRAM C01:%F?[4]
UNIGRAM C02:%F?[5]
UNIGRAM C03:%F?[4],%F?[5]

UNIGRAM GC01:%F[0],%F?[4],%F?[5]
UNIGRAM GC02:%F[0],%F?[1],%F?[4],%F?[5]
```

[*31] https://taku910.github.io/mecab/learn.html

　また、MeCabはバイグラムマルコフモデルとなっているため、`matrix.def`と呼ばれる連接表がバイグラムに相当する情報を保持しています。素性の定義によってはこの連接表（行列）が巨大になってメモリを多く消費する（計算にも時間がかかる）ので、精度とのトレードオフを考慮しつつ素性を定義しましょう。

■ 点推定

　文字ごとに処理する**点推定**（pointwise prediction）と呼ばれる手法の利点は、モデルの訓練や予測に文全体を必要としないため、**部分的アノテーション**（partial annotation）と呼ばれる文の一部のみにアノテーション（ラベル）が付与されたデータからでも（追加）学習することができ、特定の分野に対しての分野適応をする場合に威力を発揮するところです。

　一方、推定したい単語の周辺の文脈のみを見て予測をするため、コーパス全体で首尾一貫した解析結果になる保証がない、ということには注意が必要です。アプリケーションに用いることを考えると、解析結果が間違っていたとしても、首尾一貫して間違えている場合は問題ない場合もあり、場合によって揺れる場合のほうが困ることもあります。

図3.11 点推定による単語分割

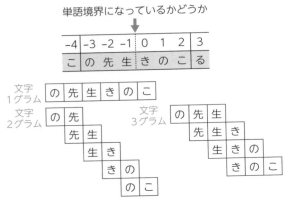

　図3.11に点推定による単語分割の例を示しました。ここでは「この先生きのこる」という入力の文字列に対し、注目している文字の前に単語境界があるかどうか、という2値分類問題を文頭から順番に解くこと

で、単語分割を行います。窓幅3文字で文字nグラムの素性を作成すると、図3.11の下に示したような素性集合が得られます。あとはこれらを用いて2値分類を行えばよい、というわけです。ここでは、単純のために文字nグラム素性のみ示しましたが、文字種（漢字、ひらがな、カタカナなど）のnグラムを用いたり、辞書による素性を用いたり、さまざまな素性を組み合わせることが可能です。

　点推定による形態素解析器はKyTea[32]やVaporreto[33]があります。速度的にはVaporretoが非常に高速なので、高速な単語分割器が欲しいならVaporretoがよいかもしれません。未知語も含めて読み推定をしてほしい場合、MeCabやMeCab由来の形態素解析器は読み推定については適切なコストが振られていないので、KyTeaやVaporettoを使ったほうがよいです。一方、KyTeaやVaporettoにはUniDicで提供されているような素性は付与されておらず、見出し語化することもできないので、用途に応じて使い分けましょう[34]。

<hr>

Column

　研究分野では日本語の単語分割だと昔はKakasiかChaSen、今はMeCabかJUMANかKyTea、といったものがよく使われています。筆者がオープンソース開発に積極的にかかわっていた2000年代前半は、計算機資源が貧弱だったので、「ChaSenは精度はよいが遅いので、簡単な解析ならKakasiがよい」と言われていたものです。

　ちなみにChaSenは筆者の大学院の指導教員の松本裕治先生が、京大でJUMANバージョン2の後継として作成していた統計ベースの形態素解析器をNAISTに赴任してからリリースするに当たり、NAISTのある生駒市の特産品である茶筌にちなんでつけたものです。生駒市は茶筌の世界シェア99%で国産の竹で作っていたものが、今は竹は中国産のものも多いそうですが……。

　また、MeCabは同じく松本研の先輩である工藤拓さんが、松本研ツールは茶筌以降ツール名に「茶」を含める慣習ができつつあったところに、あえてご自身の好物である和布蕪にちなんでつけたものだそうです。筆者がNAISTにいたときにリリースしたツール名は、日本語述語項構造解析器SynCha（新茶）と、日本語かな漢字変換エンジンChaIME（チャイム）の2つでした。

<hr>

[32] https://www.phontron.com/kytea/index-ja.html

[33] https://github.com/daac-tools/vaporetto

[34] KyTeaの単語分割はUniDic準拠ですが、活用のある単語については、UniDicとは異なり「超短単位」と呼ばれる活用語尾を切り離す単位を用いていることに注意してください。

3-2-4 | 深層学習ベース

深層学習ベースで形態素レイヤーの解析をすることはあまりありません。というのも、形態素解析の部分だけ取り出して深層学習を適用しても、最終的なタスクでの性能が上がるとは限らないからです。

1つのアプローチとしては、形態素レイヤーも含めた統合的な言語解析を行うことです。一番使いやすいのはKWJA[*35]で、これは汎用的な言語モデルを用いて言語解析をするツールキットです。また、nagisa[*36]も固有表現認識と形態素解析を同時に行うツールキットです。nagisaはUniversal Dependencyを用いて訓練されているので、細かい品詞情報を取得したり表記揺れを解消したりするには向いていません。あと、OpTok[*37]も最終的なタスクに合わせた単語（サブワード）分割を学習する手法ですが、ツールキットとして使いやすい訳ではありません。

Column

対象とする分野によっては文分割（入力の文章を文に分割する処理）も重要です。単純にはルールベースで分割します。pySBD[*38]のようなツールを使うこともできます。

一方、ブログテキストのように空行があるけど実はテキストとしてはつながっていたり、逆に読点で文が切れていたりする場合もあるため、Webテキストを処理する場合は、Bunkai[*39]のような機械学習ベースの文分割器を使うとよいでしょう。

3-3 誤り検出：誤り箇所の検出と訂正

もう1つ系列ラベリングのタスクを見てみましょう。スペリング誤りや文法誤り箇所の検出と訂正です。単語分割まで終わっているとする

---

* 35 https://github.com/ku-nlp/kwja
* 36 https://github.com/taishi-i/nagisa
* 37 https://github.com/tatHi/optok
* 38 https://github.com/nipunsadvilkar/pySBD
* 39 https://github.com/megagonlabs/bunkai

と、辞書に入っていない単語は未知語として検出すればよいのですが、辞書に入っている単語は周辺の文脈を見ないと誤りかどうか判定できないので、周辺単語の情報が必要なタスクなのです。第4章で詳述する系列変換タスクとして誤り訂正を行うこともできますが、誤り検出と誤り訂正を分けると適合率・再現率のコントロールがしやすく、適合率が高くメンテナンスも容易な実用的なシステムにしやすいという利点があります。

3-3-1 ルールベース

　誤り訂正には、ルールベースの手法を適用することは難しいです。というのも、正しい表現は辞書的に書くことができるのですが、どのように誤るのか、というパターンを網羅的に書くことは不可能で、しかも周辺の文脈との共起のような頻度情報を使わないと、文法的・意味的に適切な表現を選択することが困難であるからです。

　そのような場合でも、スペリング誤り検出・訂正は行うことができます。例えば英語では、未知語として検出された誤りに対して辞書を用いた、**編集距離**（edit distance）に基づく誤り訂正は単純ながら強力なアプローチです。一方、日本語では単語分割をしなければ編集距離に基づく手法を適用しにくいのに、スペリング誤りがあると単語分割がうまくできないため、ルールベースで行うには限界があります。

　ここでは、英語で未知語として検出された単語に対する、編集距離を用いたスペリング誤り訂正について解説します。

　編集距離に基づく誤り訂正では、2つの文字列を入力とし、一方を他方に編集するための最小のコストを求めることで、辞書の中の単語で最も編集距離の観点で近いものを探し出す、ということで誤り訂正を行います。このようなアルゴリズムを用いる場合、入力に対してどの単語が最も近いのかわかるので、訂正ができます。

　図3.12に示すような2つの文字列の間の編集距離を求めるには、それぞれの文字列の長さをm, nとすると、動的計画法を用いて$O(mn)$の計算時間で計算することができます。ほとんどの場合、これは問題となるような計算量ではないのですが、辞書に膨大なエントリーがあってす

べてのエントリーとの間で計算するのは時間がかかる場合は、高速な手法（例えばSimString[*40]やBloom Filter）でまずフィルタリングを行い、そのあとに編集距離を用いて詳細に検討する、というような2段階の手法をとることで高速化が可能です。[*41]

図3.12 編集距離の計算（φは空文字列）

s_i, t_j	φ	小	町	太	郎
φ	0	1	2	3	4
小	1	?			
町	2				
次	3				
郎	4				

文字列 s_i と t_j の編集距離 dp[i][j] は
1. 挿入 : dp[i - 1][j]
2. 削除 : dp[i][j - 1]
3. 置換 : dp[i - 1][j - 1]
の 3 つから計算できる。

編集距離は同じ文字なら 0、
違う文字なら 1 なので、
上記の値に 0 または 1 を足した
ものが dp[i][j] になる。

編集距離を計算するに当たっては、文字列の**挿入**（insertion）、**削除**（deletion）、**置換**（substitution）、といった編集操作[*42]に対してコストを割り当てます。コストは単純に1操作で1とする場合もあれば、それぞれの操作の頻度を計算してコストを推定する場合もあります[*43]。

編集距離を用いて英語のスペリング誤りの訂正をするツールはispell[*44]が古くから知られていますが、最近はaspell[*45]やhunspell[*46]のような代替ツールが使われるようになってきています。aspellは編集距

---

* 40　https://github.com/chokkan/simstring
* 41　Web検索エンジンでも、検索クエリが入力されたら、高速な手法でまずざっくりと数千件の文書を抽出し、次に詳細な素性や複雑なモデルを用いてリランキングする、というようなステップで最終結果を得る、というのと同じです。
* 42　この他にもswapという文字の入れ替えも特別扱いすることがあります。
* 43　theをhteのように順番を前後して打ち間違えることはよくありますし、qとwのように隣り合ったキーもqとpより打ち間違えやすいので、それらを考慮したコストを推定するのです。
* 44　https://www.cs.hmc.edu/~geoff/ispell.html
* 45　http://aspell.net/
* 46　http://hunspell.github.io/

離だけでなく文字 n グラムを用いたり、音の類似性を考慮したりして精度を上げています。hunspell のほうは英語と比べると形態論的に複雑な言語もサポートしており、日本語対応の辞書も公開[*47]されています。

3-3-2 統計ベース

ルールベースの手法は前後の文脈を考慮するのが難しいのが欠点ですが、統計ベースであればコーパスから文脈の統計量を抽出することで、この問題を解決することができます。

最も単純には単語 n グラム言語モデルのような統計的言語モデルを用い、単語列の尤度が低いところを誤りだと検出する手法が考えられます。前節のルールベースの手法でも、未知語の部分は単語ユニグラム言語モデルだけを用いて検出している、と考えることもできます。sea/ see のように同音異義語でどちらも頻度が高い場合、単語ユニグラム言語モデルでは誤りであることを判別できないのですが、単語 n グラム言語モデルは、単語としては未知語でなくても、単語列としてほとんど出現しないような表現には低い確率を割り当てるため、局所的な文脈を考慮した誤り検出ができるのです。

一方、farther/further や sight/site のように同じ品詞で使われ、局所的な文脈だけでは曖昧性が解消できない場合もあります。大域的な情報が必要な場合、繰り返し出てくる単語に重み付けする**キャッシュモデル**（cache model）、前に出てきた単語の共起情報を用いて確率を操作する**トリガーモデル**（trigger model）や、文書の生成モデルを考慮した**トピックモデル**（topic model）などを使うのがスタンダードな方法ですが、トリガーモデルはトリガーの共起情報をメンテナンスするコストがかかりますし、トピックモデルは結果が安定しないデメリットがあるため、ヒューリスティックとして比較的安全に使えるのはキャッシュモデルです[*48]。

また、単語 n グラムでは書くべき単語を間違えている場合の検出・訂

[*47] https://github.com/Ajatt-Tools/hunspell-ja
[*48] ただし、単語 n グラム言語モデルとをキャッシュモデルをどのように組み合わせるか、どれくらい前まで文脈を考慮するのか、といったハイパーパラメータの調整が別途必要になります。

正は単純なのですが、書くべき単語を書いていない脱落誤り（例：Should I study abroad in UK? の UK には the が必要）の場合や、書くべきではない単語を書いている余剰誤り（例：We are going to discuss about the submission policy. の discuss には about は不要）の場合については、単語数が変わってしまうので、どのように誤りを検出するかは自明ではありません。特に、余剰誤りの場合は余分な単語を消した単語 n グラムから統計量を計算・比較できるのに対して、脱落誤りの場合はどの単語を本来書くべきかを推定しなければならないため、計算量的にもコストがかかります。

そして、解き方としては系列変換タスクになりますが、統計的機械翻訳として誤り訂正を行うことで、同時に誤り検出を行うこともできます。この場合、誤り訂正した出力と原文を（動的計画法を用いて）比較し、誤り箇所を検出する、というステップになります。機械翻訳タスクについては次の章で詳しく述べます。

統計的言語モデルのツールキットとしては、研究目的では以前はStanford の SRILM [*49] が使われていましたが、商用利用のためのライセンスは別であり、現在は効率も良く継続的にメンテナンスされているKenLM [*50] に定評があり、小規模データから大規模データまで幅広く取り扱えるさまざまな手法も実装されています。実用性を追求するのではなく、挙動を理解するためであれば、NLTK の言語モデルパッケージ [*51] も参考になるでしょう。

3-3-3 | 機械学習ベース

機械学習ベースの場合、誤り箇所がラベル付けされたコーパスを用いて教師あり学習するのが一般的な方法です [*52]。系列ラベリングタスクになるので、単語分割同様に系列予測として解くこともできますし、点推

---

* 49　http://www.speech.sri.com/projects/srilm/
* 50　https://github.com/kpu/kenlm
* 51　https://www.nltk.org/api/nltk.lm.html
* 52　誤りラベルの付与されていないコーパスから**EM アルゴリズム**などの教師なし学習を用いて誤り訂正器を学習する手法もありますが、Web 検索クエリのような特殊な分野で大量のデータがある場合でなければ、実用的な精度にはなりません。

定として解くこともできます。一方、ネイティブの書いた文章に対する誤り検出は、ほとんどが正しい表現になっていて、外れ値検出のように事例数が極端に偏っているため、教師あり学習では難しく、統計ベースのほうが有力です。教師あり学習が有効なのは、第二言語学習者の書いた文法誤り検出で、この場合は比較的誤りが多いので、教師あり学習でも有用なシステムを作ることができます。

　文法誤り検出については、教師あり学習では正誤の2クラスの分類問題を解けばよいので容易に実装できます。しかしながら、どの表現に修正すればよいかという誤り訂正に関しては、訂正先の選択肢が限られる冠詞（限定詞）や前置詞など多クラス分類問題として定式化できるものはアプローチしやすい一方、名詞や動詞としてどの単語を使うべきかという語彙選択や、慣用的に一緒に使われることが多い語句の組み合わせであるコロケーションの誤りについては、どの単語をどの単語に間違える可能性があるかという**混同集合**（confusion set）をどう決めればよいかというのが自明ではなく、単純に機械学習の分類問題として解くのも容易ではありません。

　そこで、統計ベースと機械学習ベースのいいとこ取りとして、単語nグラム言語モデルや統計的機械翻訳の出力に対し、教師あり学習でランキングする、というような手法もあります。単語nグラム言語モデルは高速に動作する反面、長距離の依存関係を考慮することができないので、教師あり学習で大域的な素性を導入することで、速度と精度を両立させるわけです。また、教師あり学習では大域的な素性以外にも、さまざまな素性を柔軟に取り入れることができる、という利点もあります。統計的機械翻訳を用いる手法は、まず誤り訂正を第4章で説明する系列変換タスクとして解き、誤り訂正の出力と入力のアライメントを計算して誤り検出を行う、という手順になります。

3-3-4 深層学習ベース

　統計ベースの手法が言語モデルによって誤り検出を行うことができるのと同様に、深層学習ベースでも言語モデル的に誤り検出を行うことができます。つまり、それぞれの単語ごとにマスク言語モデルを用いて予

測を行い、予測された単語が入力単語と異なる場合に誤りとして検出する、というわけです。[*53]

また、ラベル付きデータが存在する場合には、教師データを用いて大規模言語モデルを微調整する、という手法もとれます。具体的には誤りの含まれる文と誤りが訂正された文のペアから、「保持」「削除」「追加」「置換」のような4種類のラベルを作成し、入力に対してこれらのラベルを出力するシステムを学習する、という方法です。

誤り訂正については「追加」と「置換」に関しては訂正候補を求める必要があり、訓練データに一定回数以上出現した訂正候補を「追加」と「置換」の出力候補に加えることで、適合率の高い訂正システムを構築することができる一方、この手法だと訓練データに存在しないような誤り訂正はできないため、再現率には課題があります[*54]。

図3.13 系列ラベリングモデルと系列編集モデルに基づく誤り訂正

出力	He	has	too	many	books
ラベル	KEEP	VERB_FORM_VB_VBZ	REPLACE_too	REPLACE_many	CASE_LOWER
入力	He	have	two	much	Books

系列ラベリングモデル

出力 (文字列)	After many years , he still dreams of becoming a super hero .
出力 (編集列)	(SELF, 3, SELF), (PUNCT, 3, ','), (SELF, 5, SELF), (SVA, 6, 'dreams'), (PART, 7, 'of'), (FORM, 8, 'becoming'), (SELF, 12, SELF)
入力	^{0}After ^{1}many ^{2}years ^{3}he ^{4}still ^{5}dream ^{6}to ^{7}become ^{8}a ^{9}super ^{10}hero $^{11}.^{12}$

系列編集モデル

また、深層学習ベースでも、統計ベースの手法と同じく、系列ラベリングタスクあるいは系列変換タスクとして解くこともできます。系列変換タスクとしては、単純にエンコーダ・デコーダモデルを適用するのがスタンダードですが、**系列編集**(seq2edits)モデルという、入力に対してどのような編集操作を適用すれば訂正後の文になるか、というような

[*53] ある閾値以上尤度が異なる場合に誤りとして検出する、というような方法で、適合率と再現率をコントロールすることもできます。

[*54] ただし、文法誤り訂正タスクについては、再現率より適合率を重視したほうがよい、という経験則があるため、わざわざ再現率を向上させる必要がないかもしれません。

モデルも提案されています。

　深層学習を用いた系列ラベリングに基づく誤り訂正器としては、GECToR[*55]が有名です。英語の文法誤り訂正であれば、事前学習済みモデルも配布されているので、すぐ使うことができますし、訓練スクリプトも公開されているので、自分でデータを用意して訓練することもできます。日本語についても gector-ja[*56] が公開されており、言語ごとにルールを書くことで拡張が可能です。系列編集モデルは Tensor2Tensor[*57] に実装があります（ただし、現在はメンテナンスされていません）。

　図3.13に系列ラベリングモデルと系列編集モデルに基づく誤り検出・訂正の例を示しました。上段は系列ラベリングモデル（GECToR）による誤り検出・訂正で、入力の系列に対して事前に定義された「保持」「置換」などのラベルを出力することで誤り検出・訂正を行います。下段は系列編集モデルに基づく誤り訂正で、それぞれの編集は3つ組（タプル）で表現されていて、タプルの最初の要素は誤りラベル、2番目の要素は編集のスパン（編集範囲の最後の位置）、3番目の要素は編集後の文字列（編集なしの場合はSELFという特殊トークン、削除の場合はDELという特殊トークン）になっています。

3-4　演習：文法誤り検出・訂正

　第3章のまとめとして、文法誤り検出・訂正の演習をします。3-3で紹介した GECToR による系列ラベリングを用いて英語の文法誤り検出・訂正をしてみましょう。

　GECToRの本家のソースコードは2024年現在更新がされておらず、訓練の効率も悪いので、Fast GECToR[*58] という GECToR クローンを使います。GECToR はしくみが単純であるため、本家以外に再実装している人がちらほらいます。

---

* 55　https://github.com/grammarly/gector
* 56　https://github.com/jonnyli1125/gector-ja
* 57　https://github.com/tensorflow/tensor2tensor
* 58　https://github.com/cofe-ai/fast-gector

```
> git clone https://github.com/cofe-ai/fast-gector
```

　Fast GECToRのインストールに必要な他のパッケージもインストールできたら、英語の文法誤り検出・訂正のためのコーパスを用意します。今回は cLang-8[*59]という綺麗にしたLang-8のデータセットを用いることにします。元々はあまり品質の高くないLang-8コーパスですが、このデータを用いてT5のモデルを微調整した手法が2021年時点では最高精度の英語の文法誤り訂正システムとなりましたし、元々のデータよりも高品質になっています。

```
> git clone https://github.com/google-research-datasets/clang8
```

　cLang-8の復元には元の NAIST Lang-8コーパスが必要であるため、NAIST Lang-8コーパスのサイト[*60]からダウンロードし、圧縮ファイルを展開して出てきたディレクトリをrun.shの<INSERT LANG8 DIRECTORY HERE>に指定して、cLang-8を復元してください。

```
> cd clang8
> bash run.sh
...
+ echo 'Generating the cLang-8 dataset for three languages: ru, de, and
en'
Generating the cLang-8 dataset for three languages: ru, de, and en
+ python -m prepare_clang8_dataset --lang8_dir=../lang-8-20111007-2.0
--tokenize_text=True --languages=ru,de,en

ru
I0122 23:48:08.875630 140032126182016 wrapper.py:15] Loading dictionaries
from /content/clang8/lib/python3.10/site-packages/pymorphy3_dicts_ru/data
I0122 23:48:08.941718 140032126182016 wrapper.py:19] format: 2.4,
revision: 417150, updated: 2022-01-08T22:09:24.565962
44830 cLang-8 targets read.
 99% 44596/44830 [00:11<00:00, 3861.35it/s]579490 Lang-8 raw documents
read.
100% 44830/44830 [00:11<00:00, 4038.04it/s]
44830 sources mapped to cLang-8 targets.
```

[*59]　https://github.com/google-research-datasets/clang8

[*60]　https://sites.google.com/site/naistlang8corpora

```
Tokenizing...
100% 44830/44830 [00:49<00:00, 906.95it/s]
Wrote the source-target pairs to:
./output_data/clang8_source_target_ru.spacy_tokenized.tsv

de
114405 cLang-8 targets read.
 99% 113582/114405 [00:11<00:00, 7478.50it/s]579490 Lang-8 raw documents
read.
100% 114405/114405 [00:11<00:00, 10159.97it/s]
114405 sources mapped to cLang-8 targets.
Tokenizing...
100% 114405/114405 [01:51<00:00, 1029.77it/s]
Wrote the source-target pairs to:
./output_data/clang8_source_target_de.spacy_tokenized.tsv

en
2372119 cLang-8 targets read.
 99% 2356085/2372119 [00:13<00:00, 187305.62it/s]579490 Lang-8 raw
documents read.
100% 2372119/2372119 [00:13<00:00, 179094.07it/s]
2372119 sources mapped to cLang-8 targets.
Tokenizing...
100% 2372119/2372119 [48:22<00:00, 817.21it/s]
Wrote the source-target pairs to:
./output_data/clang8_source_target_en.spacy_tokenized.tsv
```

これで cLang-8 の英語版のデータが得られました。

GECToR は入力と出力のペアから編集ラベルの系列を抽出します。Fast GECToR にはこの編集ラベル系列の抽出のためのスクリプト `utils/preprocess_data.py` が含まれているので、こちらを使いましょう。ただし、cLang-8 は TSV 形式で出力されるのに対し、Fast GECToR は入力と出力の行対応のついた 2 ファイルが必要なので、`en.src` と `en.trg` に分けます。また、訓練用のデータと検証用のデータもそれぞれ 100 万文と 10 万文に分けておきます。

```
> awk -F"¥t" '{print $1 > "en.src"; $1=""; print substr($0, 2) > "en.trg"}'
< ../clang8/output_data/clang8_source_target_en.spacy_tokenized.tsv
> head -n 1000000 en.src > train.src
> head -n 1000000 en.trg > train.trg
> tail -n 100000 en.src > dev.src
```

```
> tail -n 100000 en.src > dev.trg
> python utils/preprocess_data.py -s train.src -t train.trg
-o train.edits
> python utils/preprocess_data.py -s dev.src -t dev.trg -o
dev.edits
```

　あとは訓練用のスクリプトscripts/train.shを実行すれば訓練が始まります。いくつか変更すべきオプションがあります。--tn_probは「モデルが何も訂正しない確率」をコントロールします。デフォルトは1なのですが、これだとほとんど訂正をしないシステムが訓練されます。これを変化させることでprecision/recallのバランスを取ることができます。最初の訓練時には--tn_probe 0として、最後に適切な値に調整するとよいようです。また、--skip_correctもデフォルトは0ですが、正しい文を訓練に使うとあまり訂正しないシステムになるので、GECToRの訓練では1にしているようです。他にも調整すべきオプションについては、GeCToRの訓練ガイド*61およびFast GECToRのREADME.mdをご覧ください。

```
> bash scripts/train.sh
deepspeed --master_port 49828 train.py --deepspeed --deepspeed_config
configs/ds_config_zero1_fp16.json --num_epochs 10 --max_num_tokens 128
--valid_batch_size 256 --cold_step_count 2 --warmup 0.1 --cold_lr 1e-3
--skip_correct 0 --skip_complex 0 --sub_token_mode average --special_
tokens_fix 1 --unk2keep 0 --tp_prob 1 --tn_prob 0 --detect_vocab_path ./
data/vocabulary/d_tags.txt --correct_vocab_path ./data/vocabulary/labels.
txt --do_eval --train_path train.edits --valid_path dev.edits --save_dir
ckpts/ckpt_20240123_03:53:45 --use_cache 0 --log_interval 1 --eval_
interval 50 --save_interval 50 --pretrained_transformer_path roberta-base
--tensorboard_dir logs/tb/gector_20240123_03:53:45 2>&1 | tee ckpts/
ckpt_20240123_03:53:45/train-20240123_03:53:45.log
[2024-01-23 03:53:47,878] [INFO] [real_accelerator.py:133:get_
accelerator] Setting ds_accelerator to cuda (auto detect)
...
Some weights of RobertaModel were not initialized from the model
checkpoint at roberta-base and are newly initialized: ['roberta.pooler.
dense.bias', 'roberta.pooler.dense.weight']
```

＊61 https://github.com/grammarly/gector/blob/master/docs/training_parameters.md

```
You should probably TRAIN this model on a down-stream task to be able to
use it for predictions and inference.
1000000it [09:26, 1766.13it/s]
[2024-01-23 04:03:28,322] [INFO] [logging.py:96:log_dist] [Rank 0] is
distributed: False, thus we use default sampler
[2024-01-23 04:03:28,322] [INFO] [logging.py:96:log_dist] [Rank 0] #
training dataset: 1000000
100000it [01:05, 1829.77it/s]
[2024-01-23 04:04:33,788] [INFO] [logging.py:96:log_dist] [Rank 0] is
distributed: False, thus we use default sampler
[2024-01-23 04:04:33,788] [INFO] [logging.py:96:log_dist] [Rank 0] #
validation dataset: 100000
[2024-01-23 04:04:33,788] [INFO] [logging.py:96:log_dist] [Rank 0] set
total training steps to 39060
...
[2024-01-23 04:04:23,107] [INFO] [logging.py:96:log_dist] [Rank 0]
evaluation results: {'current_global_step': 49, 'current_train_loss':
7.02125, 'valid_loss': 3.708984375, 'valid_accuracy': 0.9143141341417204,
'best_global_step': 49, 'best_valid_loss': 3.708984375, 'best_valid_
accuracy': 0.9143141341417204}
[2024-01-23 04:04:23,108] [INFO] [logging.py:96:log_dist] [Rank 0]
[Torch] Checkpoint globalstep-49 is about to be saved!
[2024-01-23 04:04:23,215] [INFO] [logging.py:96:log_dist] [Rank 0] Saving
model checkpoint: ckpts/ckpt_20240123_03:53:45/globalstep-49/mp_rank_00_
model_states.pt
...
```

　scripts/train.shを実行すると、このように最初に訓練データと検
証データを読み込み、そこから GPU を用いた訓練がスタートします。
訓練データを用いたパラメータの更新と、検証データを用いた精度やロ
スのチェックを繰り返しながら、訓練が進んでいきます。図3.14に
TensorBoard を用いて訓練データのロスと検証データの正解率の推移
を示しました。この訓練ステップの範囲だと、訓練データにおけるロス
は収束しつつありますが、検証データの正解率はまだ向上しており、ま
だ訓練を続けてもよさそうです。

図3.14 Fast GECToR の訓練データにおけるロスと検証データにおける正解率の推移

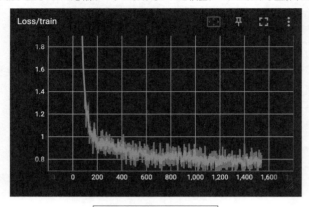

訓練データにおけるロス

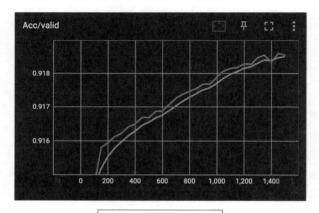

検証データにおける正解率

　最後に訓練したモデルの出力を見てみましょう。scripts/predict.shで出力を得ることができます。訓練されたモデルはckpts/ の下にありますので、スクリプト中のckpt_pathに適当なモデルを指定してください。モデルの名前はckpts/ckpt_時間/globalstep-XXXのような名前になっています。検証データでの学習曲線を見るとどのモデルが適しているかがわかります。ここでは先ほど作成したen.srcの中から、train.srcとvalid.srcに使わなかった部分をtest.srcとして保存して、予測させてみます。

```
> bash scripts/predict.sh
[2024-01-23 04:23:32,837] [INFO] [real_accelerator.py:133:get_
accelerator] Setting ds_accelerator to cuda (auto detect)
[2024-01-23 04:23:35,203] [WARNING] [runner.py:196:fetch_hostfile] Unable
to find hostfile, will proceed with training with local resources only.
[2024-01-23 04:23:35,219] [INFO] [runner.py:555:main] cmd = /usr/bin/
python3 -u -m deepspeed.launcher.launch --world_
info=eyJsb2NhbGhvc3QiOiBbMF19 --master_addr=127.0.0.1 --master_port=42991
--enable_each_rank_log=None predict.py --batch_size 256 --iteration_count
5 --min_seq_len 3 --max_num_tokens 128 --min_error_probability 0.0
--additional_confidence 0.0 --sub_token_mode average --max_pieces_per_
token 5 --ckpt_path ckpts/ckpt_20240123_03:53:45/globalstep-999
--deepspeed_config ./configs/ds_config_zero1_fp16.json --detect_vocab_
path ./data/vocabulary/d_tags.txt --correct_vocab_path ./data/vocabulary/
labels.txt --pretrained_transformer_path roberta-base --input_path test.
src --out_path test.pred --special_tokens_fix 1 --detokenize 0
--segmented 1
...
[2024-01-23 04:23:48,245] [INFO] [torch_checkpoint_engine.py:27:load]
[Torch] Loading checkpoint from ckpts/ckpt_20240123_03:53:45/
globalstep-999/mp_rank_00_model_states.pt...
[2024-01-23 04:23:48,401] [INFO] [torch_checkpoint_engine.py:29:load]
[Torch] Loaded checkpoint from ckpts/ckpt_20240123_03:53:45/
globalstep-999/mp_rank_00_model_states.pt.
[2024-01-23 04:23:48,418] [INFO] [torch_checkpoint_engine.py:27:load]
[Torch] Loading checkpoint from ckpts/ckpt_20240123_03:53:45/
globalstep-999/mp_rank_00_model_states.pt...
[2024-01-23 04:23:48,593] [INFO] [torch_checkpoint_engine.py:29:load]
[Torch] Loaded checkpoint from ckpts/ckpt_20240123_03:53:45/
globalstep-999/mp_rank_00_model_states.pt.
[2024-01-23 04:23:48,681] [INFO] [torch_checkpoint_engine.py:27:load]
[Torch] Loading checkpoint from ckpts/ckpt_20240123_03:53:45/
globalstep-999/zero_pp_rank_0_mp_rank_00_optim_states.pt...
[2024-01-23 04:23:49,627] [INFO] [torch_checkpoint_engine.py:29:load]
[Torch] Loaded checkpoint from ckpts/ckpt_20240123_03:53:45/
globalstep-999/zero_pp_rank_0_mp_rank_00_optim_states.pt.
[2024-01-23 04:23:49,627] [INFO] [engine.py:2865:_get_all_zero_
checkpoint_state_dicts] successfully read 1 ZeRO state_dicts for rank 0
[2024-01-23 04:23:49,737] [INFO] [engine.py:2815:_load_zero_checkpoint]
loading 1 zero partition checkpoints for rank 0
model path: ckpts/ckpt_20240123_03:53:45/globalstep-999
start predicting ...
40it [00:10,  3.64it/s]
total cost: 10.98218822479248s
[2024-01-23 04:24:02,105] [INFO] [launch.py:347:main] Process 108580
exits successfully.
```

　これで`test.pred`に結果が保存されたので、例えば`diff`や`wdiff`で比較してみることができます。このように、単語の挿入や大文字小文字の修正などが可能であることがわかります。一方、まだ残っている文法誤りもあり、どのようなタイプの文法誤りがGECToRのような手法で検出・訂正しやすいのか、ということは、文法誤り検出・訂正の自動評価尺度を使用して、定量的に評価して分析する必要があります。

```
> diff -u test.src test.pred
...
@@ -667,7 +667,7 @@
 How to improve my listening ability for English
 I am going crazy by English , Especially my listening comprohension .
 I ever try moving it away , but there is nothing to work .
-I have been listened all English materials I can find out , again and
again , here and there .
+I have been listened to all English materials I can find out , again and
again , here and there .
 However , I can not still understand the speech by Obama who although I
feel make a wonderful speech .
 Moreover , I often do n't know what they are talking about in a English
movie , though the most sentences they speak are not only easy but pure .
 Nevertheless , I just have no idea the reason .
@@ -681,14 +681,14 @@
 Thus , all I shoud do is to enable me to be used to the current life and
rhythm .
 And I am on the road now !
 I 'm in Tennessee .
-it is for studying English .
+It is for studying English .
...
```

3-5 まとめ

　本章ではテキストの系列（文字列、単語列など）を入力として、それぞれに対するラベルを出力とする、系列ラベリングタスクについて学びました。系列ラベリングは構造予測の中で最も単純なモデルですが、多くのタスクが系列ラベリングとして定式化でき、応用範囲が広いです。
　系列ラベリングタスクを中心とする低レイヤーの自然言語処理につい

て学びたい人は『日本語入力を支える技術—変わり続けるコンピュータと言葉の世界』(技術評論社, 2012) と『形態素解析の理論と実装』(近代科学社, 2018) をおすすめします。いずれの本も、日本語入力または形態素解析を使いたいという人向けの本ではなく、作りたいという人向けの本ですが、作る人のために必要な知識がまとまった本はこれらの本以外にありません。前者は深層学習以前に書かれた本、後者は深層学習以降に書かれた本なので、前者に古さを感じる部分はあるかもしれませんが、探索アルゴリズムやデータ構造の設計のようなコンピュータサイエンスの花形の知識は今でも役に立つ基礎知識です。

練習問題

1. 系列ラベリングタスクの入力と出力について例を挙げて説明してください。

2. 素性テンプレートとは何か説明してください。

3. 文法誤り訂正を系列ラベリングタスクとして解く利点と欠点について考察してください。

第 **4** 章

言語生成問題の 解き方

テキストを入力して、別のテキストを出力する ようなタスクのことを、**系列変換**（Sequence-to-sequence または seq2seq）タスクと呼びま す。テキストは単語列で表現できるので、単 語列を別の単語列に変換することから、この ように呼ばれます。機械翻訳や文書要約、対 話といった重要なアプリケーションが、すべ てこの系列変換タスクに含まれます。

　深層学習時代の自然言語処理でそれまでと最も大きく変わったのは、言語生成と呼ばれる分野です。統計的な手法では、文やフレーズを抽出するタイプの手法でなければ、フレーズや構文木のようなパターンをツギハギして出力を作成します。それが、ニューラルネットワークを用いることで、滑らかな出力ができるようになりました。

　深層学習以前はいろいろな手法があり、必ずしも単語列を読み込んで別の単語列に置き換えるようなアプローチが採用されていませんでした。一方、昨今主流である深層学習に基づくアプローチでは、ほとんどの手法が出力側では単語[*1]をひとつひとつ出力するようなやり方で生成するため、系列変換という呼び方がしっくりきます。

　図4.1は代表的な系列変換タスクを挙げたものです。それぞれ表4.1に示すような特徴に合わせて機械翻訳、対話、文書要約、文法誤り訂正を選びました。

図4.1 代表的な系列変換タスク

[*1]　現在は、単語をさらに細かいサブワードと呼ばれる単位にまで分解して扱うことが主流です。逆に単語分割を行わず、文から入力として適切な単位を推定して用いる手法もあります。そのため、「単語」と言わず単に「トークン」と言うほうが深層学習時代には合っています。ちなみに統計的機械翻訳でも「フレーズ」という概念がありますが、言語学的な句のことではなく、任意の単語列のことを「フレーズ」と呼びます。

表4.1 特徴による系列変換タスクの分類

	言語	意味	長さ
機械翻訳	≠	≒	=
対話	=	≠	≠
文書要約	=	>	>
文法誤り訂正	=	=	≒

機械翻訳（MT：machine translation）はある言語の入力から別の言語の出力に変換するタスクです。入力と出力では言語が違いますが、意味がほぼ同じになるような変換をします。入力で長い文は出力でも長い文になる傾向があります。また、フレーズ単位で対応する場所が大きく離れていることはありますが、入力と出力で対応する単語は大体同じような位置に翻訳される、という特徴があります[*2]。

対話（dialogue）はユーザからの入力にシステムが応答を出力するタスクです。入力と出力の言語は同じですが、入出力の関係は意味が同じである必要はなく、応答として適切な出力が求められるという点が、機械翻訳とは異なります。また、「そうですね」のように同意を示すような表現や「もう一度言ってください」のように聞き返す表現も候補としてありうるため、入出力の長さも異なります。そして、発話単位での応答として適切かどうかというだけでなく、対話全体で適切な応答になっていないといけない、という点も異なります。本章では、対話システムの中でも特にチャットボットを取り上げます。

文書要約（summarization）は長い文書を入力として短く要約して出力するタスクです。対話と同様、入力と出力の言語は同じです。機械翻訳や対話と異なり、出力は入力の要約になっているという関係があるため、入力の中でどれを出力に含めるのかの取捨選択をする必要があり、意味的には入力の部分集合が出力に含まれる、という包含関係になっています。そして、機械翻訳や対話と異なるもう1つの特徴として、入出力の文章の長さが大きく変わり、入力の長さより出力の長さのほうが短

[*2] 多くの場合、入力は文ですが、最近は文書単位の翻訳タスクも少しずつ試されています。文書単位の翻訳は、入力と出力で文の順番が大きく入れ替わるような翻訳はあまりありません。

いという制約があります。また、文圧縮のように入力を文としてそこから重要な箇所だけを抽出するという関連タスクもあります。

文法誤り訂正（grammatical error correction）は入力に含まれる文法誤りを訂正して出力するタスクです。対話や文書要約と同様、入力と出力の言語は同じです。また、機械翻訳と同様、入出力の文章の意味はほぼ同じです。文法的に誤っているところを訂正するため、入出力の長さもほとんど同じです。ただし、文法的に正しくなるように最小限の修正をする狭義の文法誤り訂正に加え、流暢な表現になるように大幅な書き換えを許容する広義の文法誤り訂正もあるため、後者の場合は長さが大きく変わることもあり得ます。スペリング誤り訂正とも似たタスクですが、文法的な誤りが対象であるところが異なります。ただし、関連する文法誤り検出について3-3で取り上げたので、本章では詳しく取り上げません。

4-1 文書要約：長い文章の要点をまとめる

　実務でよく出てくるのは文書要約タスクです。このタスクは要約したいテキストが入力となり、そこから内容をまとめて分量を短くしたテキストが出力です。

　どのように要約するかで、大きく分けて2つのアプローチがあります。1つは入力の文書から要約に含めるべき文やフレーズを選択して、ジグソーパズルのようにして要約を組み立てる抽出型要約で、もう1つは入力の文書に書かれている表現は必ずしもそのまま使わず、自由に要約を生成する抽象型要約です。

　抽出型要約（extractive summarization）では、出力の要約に含まれる表現は元々の文書に含まれる文や表現であるため、深層学習以前の手法でも比較的流暢な出力が得られるので、盛んに研究・開発されていました。元々きちんとした文や表現を抜き出すことで要約を生成するので、抜き出した部分の前後のつながりは流暢でなくても、抜き出した部分そのものは流暢な表現になっているからです。

　抽象型要約（abstractive summarization）が脚光を浴びるようになっ

たのは、深層学習によって流暢なテキストが生成できるようになったからです。深層学習を用いると、単語をベクトルとして表現することで柔軟な処理ができ、自己回帰モデルでそれまでに生成したテキストを参照しつつ生成できるので、必ずしも要約元の文書に含まれる表現そのものを使わなくても、滑らかなテキストを出力することができるのです[*3]。

　図4.2に抽出型要約と抽象型要約の例を示しました。上段は抽出型要約で、要約元の文書から下線を引いた3文を抜き出して要約を作成しています。下段は抽象型要約で、要約元としては同じ文書を用いながら、要約先は新たに生成して要約を作成しています。元々の文に縛られないため、柔軟な長さで要約ができていることも見てとれます。

図4.2　抽出型要約と抽象型要約（一橋大学ソーシャル・データサイエンス学部「設置の趣旨等を記載した書類」からの抜粋）

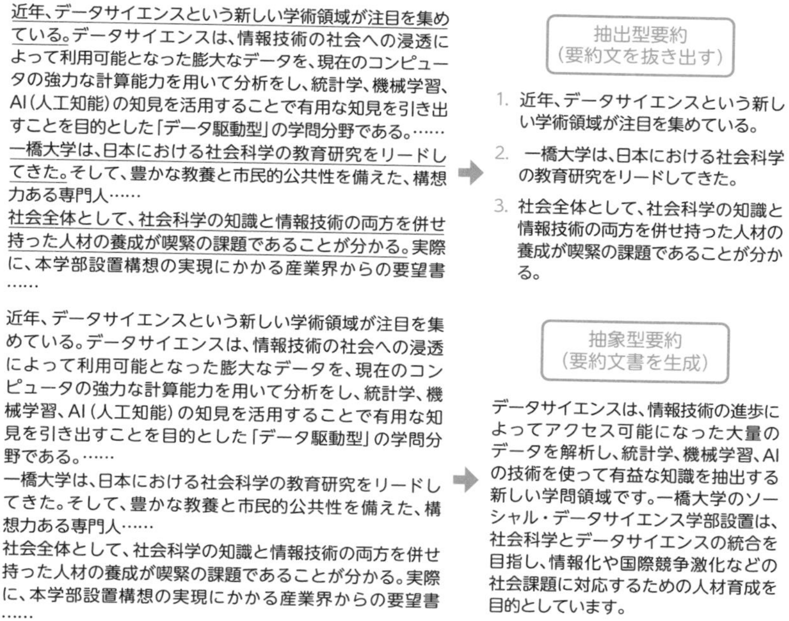

近年、データサイエンスという新しい学術領域が注目を集めている。データサイエンスは、情報技術の社会への浸透によって利用可能となった膨大なデータを、現在のコンピュータの強力な計算能力を用いて分析をし、統計学、機械学習、AI（人工知能）の知見を活用することで有用な知見を引き出すことを目的とした「データ駆動型」の学問分野である。……
一橋大学は、日本における社会科学の教育研究をリードしてきた。そして、豊かな教養と市民的公共性を備えた、構想力ある専門人……
社会全体として、社会科学の知識と情報技術の両方を併せ持った人材の養成が喫緊の課題であることが分かる。実際に、本学部設置構想の実現にかかる産業界からの要望書……

抽出型要約
（要約文を抜き出す）

1. 近年、データサイエンスという新しい学術領域が注目を集めている。
2. 一橋大学は、日本における社会科学の教育研究をリードしてきた。
3. 社会全体として、社会科学の知識と情報技術の両方を併せ持った人材の養成が喫緊の課題であることが分かる。

近年、データサイエンスという新しい学術領域が注目を集めている。データサイエンスは、情報技術の社会への浸透によって利用可能となった膨大なデータを、現在のコンピュータの強力な計算能力を用いて分析をし、統計学、機械学習、AI（人工知能）の知見を活用することで有用な知見を引き出すことを目的とした「データ駆動型」の学問分野である。……
一橋大学は、日本における社会科学の教育研究をリードしてきた。そして、豊かな教養と市民的公共性を備えた、構想力ある専門人……
社会全体として、社会科学の知識と情報技術の両方を併せ持った人材の養成が喫緊の課題であることが分かる。実際に、本学部設置構想の実現にかかる産業界からの要望書……

抽象型要約
（要約文書を生成）

データサイエンスは、情報技術の進歩によってアクセス可能になった大量のデータを解析し、統計学、機械学習、AIの技術を使って有益な知識を抽出する新しい学問領域です。一橋大学のソーシャル・データサイエンス学部設置は、社会科学とデータサイエンスの統合を目指し、情報化や国際競争激化などの社会課題に対応するための人材育成を目的としています。

[*3] 一方、固有名詞のような頻度が低い単語の場合、間違って違う単語を出力してしまう（1-2-4で述べたハルシネーションの一種）こともあり得ます。これは統計的な手法ではあり得なかったことなので、大きな問題です。訓練データやモデルのサイズが大きくなれば大きくなるほど、このような一見明らかな誤りは減少しますが、完全になくなったと言い切れないのが難点です。

　文書要約でもう1つ区別すべきは単一文書要約と複数文書要約の違いです。**単一文書要約**（single document summarization）というのは、要約元の文書が1つだけ与えられて要約することで、**複数文書要約**（multi-document summarization）というのは、同じトピックの複数の文書を与えられて要約することです。

図4.3 単一文書要約と複数文書要約

単一文書要約

　本学部では、社会科学とデータサイエンスが融合するソーシャル・データサイエンスの教育を通じて、社会に存在する課題を解決できるソーシャル・データサイエンスのゼネラリストの養成を目指すことを使命としています。
　その目的の実現のため、本学部では、社会科学とデータサイエンスの両方を専門的に学ぶとともに、それらを融合させるカリキュラムを用意しています。その教育課程では、文系・理系双方の知識が必要とされます。あわせて、現実の社会におけるさまざまな課題を発見・解決しようとする積極的姿勢や、さまざまな人びととの適切なコミュニケーションも求められます。
　よって本学部では、文系・理系にかかわらず、堅固な基礎学力に加え、以下のような知識や能力を備えた入学者を受け入れたいと考えます。まず、本学部における広範な科目での学びの基礎となる数学の堅固な基礎知識とそれに基づく論理的な思考力です。また、本学部でさまざまな人びととの学びを通じて社会科学とデータサイエンスの知識を修得するためには、日本語及び英語を用いた読解力、説明力、表現力、思考力が必要です。

この学部は、社会科学とデータサイエンスを統合したソーシャル・データサイエンス教育を通じて、社会の問題を解決できる人材を養成するため、文系・理系の知識とコミュニケーション能力が備わった学生の受け入れを目指しています。

複数文書要約

本学部は、豊かな教養と市民的公共性を備えた、構想力ある専門人、理性ある革新者、指導力ある政治経済人を育成するとの理念に基づいて、社会科学とデータサイエンスが融合するソーシャル・データサイエンスの学問分野において、その考え方を修得し、社会に存在する課題を解決できるソーシャル・データサイエンスのゼネラリストの養成を目指します。

本学部は、豊かな教養と市民的公共性を備えた、構想力ある専門人、理性ある革新者、指導力ある政治経済人を育成するとの理念に基づいて教育します。

本学部では、社会科学とデータサイエンスが融合するソーシャル・データサイエンスの教育を通じて、社会に存在する課題を解決できるソーシャル・データサイエンスのゼネラリストの養成を目指すことを使命としています。

この学部は、社会科学とデータサイエンスを融合したソーシャル・データサイエンスの教育を通じて、豊かな教養と公共性を備え、社会の課題を解決できるゼネラリストの育成を目指しています。

　図4.3に単一文書要約と複数文書要約の例を入れました。上段は単一文書要約です。単一文書要約は深層学習のアプローチ以外では離散最適化（組合せ最適化）の問題として定式化されることが多いです。単一文書要約では要約元の文書が1つであり、文書の構造を手がかりに重要な箇所を発見するという手法が使えます。下段は複数文書要約です。複数文書要約では、単一文書要約と異なり、複数の文書にまたがってどの文書でも出現するような内容は重要であるというような手がかりが使えるので、要約に対するアプローチが根本的に異なります。文書要約の研究でも、単一文書要約の研究をしているからといって、必ずしも複数文書要約の研究をしているとは限らず、その逆もまた真なりです。

　次は、単一文書要約を題材にして、代表的なアルゴリズムを紹介します。

4-1-1 ルールベース

　文書要約でよく使われる手法の1つは、ルールベースの手法です。その1つに**リード法**（LEAD method）と呼ばれるものがあります。この手法は、各段落の先頭（リード）のn文を抽出して要約を作る、という手法です。nとして何文をとるか、というのはハイパーパラメータであり、訓練データまたは開発データを用いて決定する必要があります。

　このようにリード法は大規模な訓練データも巨大な言語モデルも必要ない非常に単純な手法ですが、侮ることなかれ、実はかなり強いベースラインで、このルールベースの手法を上回ることができない機械学習ベースの手法も多くあります。

　この手法はシンプルですが、例えば英語の新聞記事や論文は専門家が書く文章であり、ライティングの訓練を受けた人はパラグラフライティングを意識します。つまり、それぞれの段落の冒頭にその段落で言いたいこと（トピックセンテンス）を書くので、それを逆手にとって要約を作る、ということができます。日本語の場合、必ずしも日本人はパラグラフライティングの訓練を受けていないので、リード法がうまくいくとは限らないのですが、それでも実装することは極めて簡単なので、ベースラインとしてまず実装すべき手法の1つでしょう。

4-1-2 | 統計ベース

　統計ベースの文書要約手法には、重要文抽出のように文単位で抽出すべき文を選択する手法や、統計的機械翻訳の手法を用いて文書を要約するというアプローチで解く手法があります。後者は、現在では深層学習を用いた手法に置き換わっているので、統計ベースの手法がここで検討すべき対象となります。

　前者の代表的な手法はTextRankやLexRankと呼ばれるもので、**PageRank**（ページランク）というグラフ構造を用いたWebページの重要度を計算するアルゴリズムと同様に、グラフ構造を用いて文に対する重要度を計算し、抽出型の要約をするアルゴリズムです。PageRankはGoogleの創業者のラリー・ペイジとセルゲイ・ブリンによって提案されたアルゴリズムで、PageRankはノードとしてWebページを用い、エッジとしてリンク・被リンク関係を用いることで、重要なWebページのランキングを求めます。TextRankやLexRankはノードとして文を用い、エッジとして文同士の類似度を用いることで、重要な文のランキングを求める、というわけです。

　表4.2にPageRankとTextRank/LexRankでどのようにグラフを表現

するのかをまとめました。また、図4.4で5文からなる文書に対し
LexRankを適用した例として、 s_1 から s_5 までの5個のノード（頂点）
からなるグラフと、それに対するエッジ（辺）の重みをまとめた隣接行
列を示しました。それぞれの文同士の類似度がエッジの重みとなってい
て、非負の値が入っているのがわかります。1番目の文はどの文からも
似ているようなので、要約文として入れたほうがよさそうですね。この
ような考えで要約を作っていく、というわけです。

表4.2 PageRankとTextRank/LexRankの比較

	PageRank	TextRank/LexRank
ノード	Webページ	文
エッジ	リンク	文ペア
エッジの重み	0/1	文同士の類似度

図4.4 グラフとそれに対する隣接行列の例

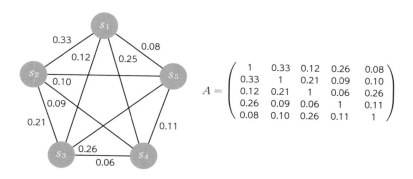

$$A = \begin{pmatrix} 1 & 0.33 & 0.12 & 0.26 & 0.08 \\ 0.33 & 1 & 0.21 & 0.09 & 0.10 \\ 0.12 & 0.21 & 1 & 0.06 & 0.26 \\ 0.26 & 0.09 & 0.06 & 1 & 0.11 \\ 0.08 & 0.10 & 0.26 & 0.11 & 1 \end{pmatrix}$$

s_1	本学部では、社会科学とデータサイエンスが融合するソーシャル・データサイエンスの教育を通じて、社会に存在する課題を解決できるソーシャル・データサイエンスのゼネラリストの養成を目指すことを使命としています。
s_2	その目的の実現のため、本学部では、社会科学とデータサイエンスの両方を専門的に学ぶとともに、それらを融合させるカリキュラムを用意しています。
s_3	その教育課程では、文系・理系双方の知識が必要とされます。
s_4	あわせて、現実の社会におけるさまざまな課題を発見・解決しようとする積極的姿勢や、さまざまな人びととの適切なコミュニケーションも求められます。
s_5	よって本学部では、文系・理系にかかわらず、堅固な基礎学力に加え、以下のような知識や能力を備えた入学者を受け入れたいと考えます。

PageRankでは多くの重要なページからリンクされているページは重要度が高い、という考えに基づき、ページの重要度を計算します。これはランダムサーファーモデルというモデルによって定式化され、今見ているページの中のハイパーリンクをランダムにクリックして次のページに移動します。それぞれのページのPageRankスコアは直前に見ていたページのPageRankから計算します。このとき、次の時刻にどのノードにいるかの確率は、現在どのノードにいるかだけに影響を受け、2ステップ前以前にどこにいたかには影響を受けない（マルコフ連鎖）と仮定します。

PageRankにおける、ノードiのページランクスコアPRは次のように定義します。

$$PR(i) = \sum_{(j,i) \in E} \frac{PR(j)}{L(i)}$$

ここで、E はエッジの集合、$L(j)$ はノードjの出次数（いくつ外向きのエッジがあるか）です。

PageRankスコアはグラフ上のランダムウォークが既約かつ非周期でなければ効率的に計算できませんが、PageRankアルゴリズムはテレポートという操作によって、グラフを既約（強連結）にし、自己ループを作って非周期性を保証します。既約とは任意の状態から任意の状態に移れるマルコフ連鎖のことです。例えば、出次数が0のノードがあると既約性が満たされません。非周期のマルコフ連鎖とは、時間tの整数倍の周期でのみ到達できるような状態があるマルコフ連鎖のことです。テレポート操作を導入すると、ランダムサーファーモデルは次のようになります。

1. 確率αで今いるページにあるハイパーリンクの中から1つ等確率で選んで遷移
2. 確率$(1-\alpha)$で現在のページも含めたでたらめなページを等確率で選んでテレポート

αはダンピングファクターと呼ばれるテレポート確率を制御するハイパーパラメータで、経験的には0.85あたりがよいと言われています。

PageRankスコアは、ページのリンク・被リンク関係を用いてグラフの隣接行列から確率遷移行列を作成して計算することができます。グラフの隣接行列に基づくGoogle行列と呼ばれる行列から、PageRankベクトルと呼ばれるベクトルを計算することで、ページのランキングを求めることができます。TextRankやLexRankも、文と文間類似度からグラフ及び類似度行列を作成し、同様に求めることができます。

そして、Google行列Gは次のようになります。

$$G = \alpha P + (1-\alpha) U$$

　ここでPはグラフの隣接行列Aから作成した確率遷移行列で、Uは一様分布行列です。Google行列を用いると、PageRankスコアベクトルxは、ノード数をnとした一様ベクトルからスタートして次のように書けます。

$$x = \lim_{k \to \infty} \frac{1}{n} G^k$$

　これは行列の固有ベクトルの計算に帰着されますが、実際は計算的な効率がよい**べき乗法**（power method）を用いて反復計算することで求めます。現実的なデータでのほとんどのグラフはスパースなので、巨大なグラフでも数十回も反復計算すればランキングが動かない程度のベクトルが得られるからです。そして、ここで計算したスコア順にノードをソートすると、重要度順にノードが取り出せる、というわけです。

　TextRank（テキストランク）はPageRankに着想を得て、文書の中の文に重要度を割り振り、重要度の高い順に文を選択することで文書要約を行うアルゴリズムです。PageRankではリンク・被リンク関係に基づいてグラフの隣接行列を作成しましたが、TextRankでは2文で共通する単語数によって定義される文の類似度に基づいてグラフの隣接行列を作成します。具体的にはTextRankは次の式で文S_i, S_j間の類似度を定義します。

$$\mathrm{Sim}(S_i, S_j) = \frac{|\{w_k \mid w_k \in S_i \, \& \, w_k \in S_j\}|}{\log(|S_i|) + \log(|S_j|)}$$

　一方、**LexRank**（レックスランク）ではidf（逆文書頻度、2-2-2参照）で単語を重み付けした文のcos類似度に基づいて、それぞれグラフの隣接行列を作成します。次のLexRankのスコアの分子は、2文で共通する単語についてのみtf（単語頻度、2-2-2参照）とidfを計算します。

$$\mathrm{Sim}(S_i, S_j) = \frac{\sum_{w \in S_i, S_j} \mathrm{tf}_{w, s_i} \mathrm{tf}_{w, s_j} (\mathrm{idf}_w)^2}{\sqrt{\sum_{w \in S_i} (\mathrm{tf}_{w, s_i} \mathrm{idf}_w)^2} \times \sqrt{\sum_{w \in S_j} (\mathrm{tf}_{w, s_j} \mathrm{idf}_w)^2}}$$

　LexRankが単に共通する単語の頻度を使うのではなく、idfで重み付けする気持ちとしては、文書要約で残したい文には特徴的な用語が入って

いてほしいので、すべての文に登場するような単語の重みは低く、少し
の文にしか登場しないような単語の重みは高くしたい、というわけです。

> **Column**
>
> PageRankと同時期に発表されたアルゴリズムとして**HITS**（ヒッツ；
> Hyperlink-Induced Topic Search）アルゴリズムというアルゴリズムもありま
> す。このアルゴリズムは重要度の概念を「権威度」と「ハブ度」という2つの軸
> に分解します。権威度はPageRankの重要度と同様に多くの重要なページから
> リンクされているページは重要である、という考え方に相当します。ハブ度は
> 権威度とは異なり、多くの重要なページにリンクしているページもリンク集や
> ブックマーク集的な意味合いからも重要である、という考え方です。HITSア
> ルゴリズムはこの権威度とハブ度の計算を交互に行うことで、グラフ構造全体
> の権威度とハブ度を求めます。HITSアルゴリズムもPageRankアルゴリズムと
> 同様、行列演算で求めることができます。

　このようなグラフに基づくアルゴリズムをベースにした抽出型の文書
要約ではPageRankアルゴリズムがよく使われています。ただし、
PageRankアルゴリズムはグラフ中の重要なノードを抽出するアルゴリ
ズムであり、抽出された文の多様性まで考慮していないので、多様性を
考慮するためのアルゴリズムや、あるいは特定の観点からの文書要約を
可能にするためにPersonalized PageRankアルゴリズムを使ったりする
といった改良など、さまざまな発展があります。

　TextRankに基づく日本語の文書要約器は、japanese_summarizer[*4]
が公開されています。これはtext-summarizer[*5]を拡張したものです。
LexRankに基づく日本語の文書要約器にはsummpy[*6]があります。
summpyにはサーバとして立ち上げる機能もあるので、Web APIとし
て公開するのにも使えます[*7]。

[*4] https://github.com/ryuryukke/japanese_summarizer

[*5] https://github.com/edubey/text-summarizer

[*6] https://github.com/recruit-tech/summpy

[*7] ライセンスがついているのはこの中ではsummpyだけなので、研究目的ならいざ知ら
ず、それをベースに何かしようとなるとライセンスがついていないと困りますよね
……。

4-1-3 機械学習ベース

機械学習を用いる文書要約は、大きく分けて深層学習以前と以降に分かれます。深層学習以前は劣モジュラ最適化、ナップサック問題、施設配置問題のような最適化問題として定式化して（抽出型要約として）解く、というのが定石でしたが、深層学習以降は系列変換問題として定式化して（抽象型要約として）解くのが一般的になりました。

機械学習を用いた手法の場合、人手で作成した文書要約コーパスを用いて文書要約器を訓練します。日本語であれば次のようなデータが使えます。

1. NTCIR-4 SUMM[*8]

   NTCIR（エンティサイル）という評価型の国際ワークショップで作成された文書要約用のデータセットです。毎日新聞と読売新聞に対する人手作成要約が含まれています。研究目的での使用が可能であり、それぞれの新聞記事のデータを入手したうえで、NIIのNTCIR事務局経由で利用を申し込みます。

2. JNC/JAMUL[*9]

   朝日新聞が公開している文書要約用のデータセットです。JNCは記事のリード文（先頭の最大3文）と見出しのペアからなるデータセット、JAMULは記事と見出しのペアからなるデータセットです。さまざまな長さの見出しが含まれていることが特徴です。研究目的の使用が可能であり、朝日新聞社に利用を申し込みます（有償）。

3. 3行要約データセット[*10]

   livedoorニュースから自動的に構築した文書要約用のデータセットです。livedoorニュースは2012年10月からニュース記事を3つのポイントに要約したまとめを配信しており、そのうち2013年～2016年までに公開されているデータを訓練・開発・テストデータとして使うものです。各自データセットをダウンロードして使うため、無

[*8] https://research.nii.ac.jp/ntcir/permission/ntcir-4/perm-ja-SUMM.html

[*9] https://cl.asahi.com/api_data/jnc-jamul.html

[*10] https://github.com/KodairaTomonori/ThreeLineSummaryDataset

償で利用可能です。

4. wikiHow データセット[*11]

   wikiHow という構造化されたハウツーサイトから、構造化されている見出しの部分を要約文として抽出するデータセットです。データセットのダウンロードのためのスクリプトが同梱されており、wikiHow のデータ自体は Creative Commons の表示-非営利-継承ライセンスにて公開されています。

　これらのデータを訓練データとして教師あり学習することで、抽出型または抽象型の文書要約システムを構築することができます。ナップサック問題による定式化を用いた文書要約には Shuca[*12] や、それを JavaScript に移植した TinySummarizer[*13] があります。前者は単一文書要約と複数文書要約の両方をサポートしていますが、後者は単一文書要約のみサポートしています[*14]。BERT に基づく日本語の抽出型要約モデルには、例えば BertSum を用いた YouyakuMan[*15] があり、抽象型要約モデルには Bert-abstractive-text-summarization[*16] があります。

　抽象型要約であれば、mT5 をベースに微調整した mt5_summarize_japanese[*17] を参考にするとよいでしょう。XL-Sum Japanese データセット（BBC ニュース 9,000 記事と見出しのペア）による事前学習モデル、解説記事が公開[*18] されており、ステップバイステップで微調整の方法を見ることができます。日本語 BART や日本語 T5 のような他の事前学習モデルでも同様に訓練できます[*19]。

　また、大規模言語モデルでも、人手のフィードバックによって文書要

[*11] https://github.com/Katsumata420/wikihow_japanese

[*12] https://github.com/hitoshin/shuca

[*13] https://github.com/hitoshin/tiny_summarizer

[*14] 実際に使おうと思うと機械学習で重みを訓練したくなりますが、現在のところは訓練用のスクリプトが同梱されていません。

[*15] https://github.com/neilctwu/YouyakuMan

[*16] https://github.com/IwasakiYuuki/Bert-abstractive-text-summarization

[*17] https://huggingface.co/tsmatz/mt5_summarize_japanese

[*18] https://tsmatz.wordpress.com/2022/11/25/huggingface-japanese-summarization/

[*19] 英語では Pegasus がよいという報告がありますが、日本語の事前学習モデルが公開されていません。

約タスクもできるようなモデルが存在するので、文書要約のベースラインとしては、GPT-3.5やGPT-4のような大規模言語モデルを使う、というのも悪くありません。マスク言語モデルだけで訓練された場合は文書要約の制御が難しいでしょうが、インストラクションチューニングされているChatGPTは文書要約タスクをある程度こなすことができるようです。一方、大規模言語モデルを使った場合、入力に含まれないような事実を生成してしまうようなハルシネーションも起きうるので、実際のシステムとして使う場合には注意と検証が必要です。

4-1-4 評価

　文書要約が満たすべき性質として、要約がどれくらい首尾一貫しているか、元々の文書の情報をどれくらい保持しているか、といった観点があります。特に、要約タスクでは元の文書よりも短い長さで内容を表現しないといけないため、元々の文書の情報は基本的には多かれ少なかれ失われます。そのため、何をもって「よい要約」とするかが人によって大きく異なる、といった問題が知られています。

　文書要約の評価には**ROUGE**（Recall-Oriented Understudy for Gisting Evaluation；ルージュ）と呼ばれる自動評価尺度が伝統的に用いられています。

$$
\text{ROUGE-N} = \frac{\sum_{S \in \text{reference}} \sum_{\text{gram}_n \in S} \text{count}_{match}(\text{gram}_n)}{\sum_{S \in \text{reference}} \sum_{\text{gram}_n \in S} \text{count}(\text{gram}_n)}
$$

　ここでnはnグラムの長さ、$\text{count}_{match}(\text{gram}_n)$はシステム出力とリファレンス要約で共通する$n$グラムの数、referenceはリファレンス要約の集合です。分母がリファレンス要約に出現するnグラムで和をとっていることからわかるように、ROUGEは再現率に近い考え方をする評価尺度です。一方、要約の長さを長くすればいくらでもカバー率を上げることができてしまうので、システム出力に出現するnグラムで和をとって適合率を計算し、F_1スコアを求めることが通例となっています。

　ROUGEはシステム出力とリファレンス要約の間の単語nグラムの一致率に基づく自動評価尺度で、nにどの値を使うかでROUGE-1、ROUGE-2

のように数字が変わります（最長共通部分列を使うのはROUGE-Lと呼ばれる変種です）。要約に入っている単語がどれくらいカバーされているかという観点ではROUGE-1だけ見ればよいとも言えますが、そうするとフレーズとしておかしい表現でも高いスコアになってしまうので、ROUGE-2やROUGE-Lも合わせて見るのが一般的です。特にROUGEだと流暢性はほとんど判別できず、妥当性を中心に判断する、と考えてもよいでしょう。

図4.5にROUGE-1とROUGE-Lの計算例を示します。ROUGE-1ではユニグラムのオーバーラップに基づいて再現率と適合率を計算します。この例だとリファレンス要約が5単語で、下線で示したシステム出力とリファレンス要約に共通する単語が3単語ですので、ROUGE-1の再現率は $\frac{3}{5}$ になります。同様に適合率はシステム出力が7単語ですので $\frac{3}{7}$ となり、再現率と合わせると F_1 値は $\frac{1}{2}$ になります。ROUGE-Lは**最長共通部分列**（longest common subsequence）[20]となる部分のユニグラム頻度を計算しますので、この例では下線を引いたof peopleの部分だけが共通しており、結果として再現率は $\frac{2}{5}$ 、適合率は $\frac{2}{7}$ 、F_1 値は $\frac{1}{3}$ になります。

図4.5 ROUGEの計算（ROUGE-1とROUGE-L）

出力例：a lot of people are in Kyoto　　　出力例：a lot of people are in Kyoto
参照例：Kyoto is full of people　　　　　参照例：Kyoto is full of people

$$\text{ROUGE}_1 \text{ recall} = \frac{3}{5}$$

$$\text{ROUGE}_1 \text{ precision} = \frac{3}{7}$$

$$\text{ROUGE}_1 \text{ F} = \frac{1}{2}$$

ROUGE-1 の計算

$$\text{ROUGE}_\text{L} \text{ recall} = \frac{2}{5}$$

$$\text{ROUGE}_\text{L} \text{ precision} = \frac{2}{7}$$

$$\text{ROUGE}_\text{L} \text{ F} = \frac{1}{3}$$

ROUGE-L の計算

---

[20] 最長共通部分列とは、双方に現れる部分列の中で最長の部分列であり、順番は同じでなければなりませんが、必ずしも連続する部分列でなくてもいいことに注意してください（この例では連続していますが）。ちなみに、連続していなくてもよいがこの順番で出現する n グラム、のような n グラムのことは、スキップ n グラムと言います。よく使われるのはスキップバイグラムで、前にこの単語があるとき後ろにこの単語が出てきた、というような共起関係をモデル化するときに使います。

ROUGEの評価は深層学習以前の手法では広く用いられていたのですが、深層学習の登場以降は必ずしもROUGEが高いことがよい要約を示さない、ということが体感的に知られるようになってきました。今後はROUGE以外の評価尺度も使われるようになるかもしれません。

4-2 機械翻訳：同じ意味の別の言語で表現する

機械翻訳は数ある自然言語処理のタスクの中でも最も歴史が古いタスクであり、自然言語処理の歴史は機械翻訳の歴史であると言っても過言ではありません[21]。

4-2-1 ルールベース

機械翻訳は伝統的にはルールベースのアプローチが用いられていて、翻訳元と翻訳先の両方の言語に詳しい人が、対訳辞書や対訳ルールを作ることで翻訳システムを構築する、というやり方で作られていました。

しかしながら、このようなやり方ではサポートする言語を増やすごとに新たに辞書やルールを記述しなければならないので、多くの言語をサポートすることが困難である、という問題や、開発が進んで辞書やルールが膨大になるにつれてメンテナンスが困難になっていく、といった問題があります。そのため、1990年代までにルールベースの機械翻訳システムの新規開発はほぼ終了し、次に述べるような統計ベースの手法に取って代わられることになりました。

現在も初手でルールベースの機械翻訳システムを作ろう、という人はほとんどいないと思われますが、かといってルールベースが完全に無用なものになったというわけではありません。例えば、**翻訳メモリ**（translation memory）と呼ばれる手法は、人手で翻訳をするときのサポートとして、過去の翻訳例をデータベースとして登録しておき、翻訳

---

[21] 実際、自然言語処理の国際学会の母体となったのは、機械翻訳に関する研究グループで、次に経緯が書かれています。https://www.aclweb.org/portal/what-is-cl

するときに参照する、という手法であり、現在でも翻訳ツールの一部に
ルールベースの手法を組み合わせる、ということは行われています[*22]。

　図4.6にルールベースの機械翻訳と翻訳メモリの比較を載せました。
ルールベースの機械翻訳は人手の翻訳の下訳（前処理）として行うこと
もできますが、基本的には自動的に翻訳する目的で行われるのに対し、
翻訳メモリは人手の翻訳の支援として使われるところが決定的な違いで
す。自分が過去に翻訳した事例を登録することで、翻訳作業の効率を上
げるだけでなく、産業翻訳ではプロジェクト単位で翻訳メモリを共有す
ることで、翻訳のときの訳語選択の揺れを軽減することができます。

図4.6 ルールベースの機械翻訳と翻訳メモリ

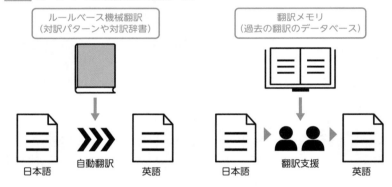

　ルールベースの手法の注意点は他の手法との組み合わせが難しいとこ
ろです。対訳辞書のような知識は統計ベースの手法と組み合わせること
は比較的容易なのですが、対訳ルールはそうではありません。というの
も、統計ベースにせよ機械学習ベースにせよ、それぞれのアプローチの
中でなんらかの最適化問題に落とし込んで解きますが、対訳ルールは翻
訳全体をカバーするだけの分量を人手で用意するのがまず困難です。ま
た、十分な量の対訳ルールがあったとしても、そのルールを用いても間
違った翻訳をする場合、どのように対訳ルール集合全体を修正していけ
ばよいのかが自明ではないのです。せっかく人手で手間暇かけて対訳

[*22] 例えば、Trados（https://www.trados.com/）というツールは柔軟な編集環境を用意し
ています。

ルールを大量に構築しても、他のアプローチに再利用できない可能性があるので、すでに十分な量の対訳ルールが手元にある場合を除いては、これから人手で対訳ルールを書こう、という方針にはならないでしょう。

統計ベース、機械学習ベース、いずれも対訳コーパスから翻訳モデルを自動構築する、というアプローチなので、人間の考える最適な翻訳単位ではなく、機械にとって最適な翻訳単位を最初から考慮をして最適化が可能である、という点が長所です。現在のところは自動構築に軍配が上がっていますが、今後は人間の知識をいかに活用するか、というのが重要になっていくでしょう。例えば、対訳コーパスの質を向上させるために人手でチェックしたり、あるいはすべて人手でチェックするのは難しくても品質の良さを自動推定する部分は人手でデータを作成して訓練する、といったような形で、人間の判断と機械的な部分とが協調していくのだろうと考えています。

ルールベースのオープンソースの翻訳システムの例としてはDELPH-IN[*23]があります。日本語から英語への翻訳ルールも公開[*24]されています。しかしながら、翻訳ルールのカバー率が高くなく、活発に開発されているわけでもないので、これをベースに改善していくのはかなりの努力が必要でしょう。

4-2-2 | 統計ベース

図4.7に統計的機械翻訳の流れを示します。統計的機械翻訳では、翻訳モデルと言語モデルという2つのモデルを組み合わせて翻訳を行う、というのが基本的なコンセプトです。これらのモデルを組み合わせて翻訳を得る処理のことをデコードと言います。このデコードの処理を翻訳精度が上がるように最適化する、という方法で統計的機械翻訳のチューニングが行われます。それぞれのプロセスを順に見ていきます。

[*23] https://github.com/delph-in/JaEn
[*24] https://github.com/delph-in/docs/wiki/MtJaen

図4.7 統計的機械翻訳

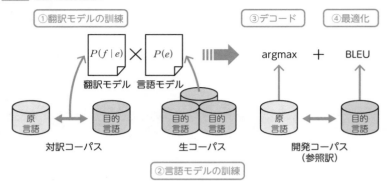

■ 翻訳モデルと言語モデル

　機械翻訳における統計ベースの手法は1990年代にまで遡ります。IBMの研究所のグループが発表した論文で、統計的なアプローチによって対訳コーパスから自動で翻訳モデルを構築する、という手法が提案されました。これは **IBM モデル**（IBM model）と呼ばれる手法で、どのように対訳ペアを見つけるかの複雑度に応じて、IBMモデル1からIBMモデル5までが提案されています。

　IBMモデルの研究では、ハンサードコーパスと呼ばれるカナダの国会議事録のデータが使われました。カナダは英語とフランス語が公用語なので、国会で英語の発言はフランス語に翻訳され、逆にフランス語の発言は英語に翻訳されるため、自然と対訳になっているデータが蓄積されていたのです。

　このように、統計的アプローチが成功するための前提条件として、大規模なデータが存在する、といったことが背景にあります。大きなインパクトを与える研究なり開発なりがやりたい、といった場合は、誰も注目していない有用なデータをいかに活用するか、ということを考えると、着実な成果を上げることができます。機械学習のモデルを少し変更しても、大きな精度の差として出てくることはそんなにないのですが、使うデータを変えると大きな精度の差になる、ということはよくあります。

　また、システムの運用という観点からは、自動的に質のよいデータが

蓄積されるようなしくみを作る、ということも重要です。手元に大規模なデータがもし仮にあったとしても、毎日使われるようなシステムを運用するのであれば、時間が経つにつれてモデルが実際に適用するデータの特徴に合わなくなっていく、ということが往々にしてあります。こういう場合、データを適宜更新できるようなしくみにしておくことで、モデルが陳腐化することを防ぐことができるばかりか、継続的に精度を改善していくことができるようになるのです。

　統計的機械翻訳は数式で書くと次のようなモデルです。

$$\hat{e} = \arg\max_e P(e \mid f)$$
$$= \arg\max_e \frac{P(f \mid e)P(e)}{P(f)}$$
$$= \arg\max_e P(f \mid e)P(e)$$

　ここでは、翻訳元の原言語の文を f、翻訳先の目的言語の文を e として、最ももっともらしい目的言語の文を $\hat{e}$（イーハット）で表すとして、それを条件付き確率 $P(e \mid f)$（ピーイーギブンエフまたはピーオブイーギブンエフ）を用いて推定します。この $P(e \mid f)$ を最大にするような e が所望の $\hat{e}$ である、というのが arg max の操作です。

　ただ、この条件付き確率の $P(e \mid f)$ を対訳データから推定するのがけっこう難しいので、求めやすい部品に分解しよう、というのが2行目の式変形です。具体的には**ベイズの定理**（Bayes' theorem）を用いて式変形をします（近似ではなく恒等の変形です）。

　この変形をすると、元々の条件付き確率を別の条件付き確率1つと確率2つで置き換えることができます。そして、$\arg\max_e$ の計算には $P(f)$ は関係ない定数なので消去することができ、最終的に3行目に示すような式を得ます。この式における $P(f \mid e)$ は**翻訳モデル**（translation model）、$P(e)$ は**言語モデル**（language model）と呼ばれるモデルです。

　このように分解する利点は、翻訳モデルの構築には対訳データが不可欠なのに対し、言語モデルは対訳データがなくても構築することができるため、言語モデルだけを改良する、というように部分ごとに改善していくことができる点です。実際、言語モデルは目的言語のデータだけあれば構築できますし、データがあればあるだけ性能が上がる、ということも

知られているので、このように分解することは理に適っているのです[*25]。

■ デコード

先述のように、翻訳するプロセスは翻訳モデルと言語モデルを組み合わせて $\arg\max_e$ となる出力を見つける**デコード**(decoding)と呼ばれるプロセスになります。このプロセスは、標準的なフレーズベースの統計的機械翻訳[*26]では出力を文頭から順番に文末まで生成することで行いますが、途中段階では多数の中間的な出力(仮説と呼ばれます)が得られ、計算機のメモリに収まらないので、ビームサーチを用いた探索を行うことが一般的です。

ビームサーチには目的言語側の言語モデルのスコアを用いた枝刈りや、翻訳済みの単語数ごとに用意したスタック[*27]を用いた仮説の管理(マルチスタックデコーディング)といったテクニックを組み合わせて効率的にデコードします。翻訳済みの単語数が異なる場合のスコアを統一的に比較することが難しいので、同じ単語数だけ翻訳が終わっている仮説同士を比較するため、単語数ごとにスタックを用意し、スタックごとに仮説を比較します。すべての単語の翻訳が終わったスタックのスコア上位順に取り出せば、上位 n 個の翻訳文が得られる、というわけです。

統計的機械翻訳では、しくみ上翻訳モデルや言語モデルが巨大になり、いかにスペース的に効率的にこれらのモデルを格納するか、そしてどのように高速に検索するか、ということも大きな課題です。後述するような効率的な実装が登場したことは、統計的機械翻訳システムの開発の活発化と深い関係があります。ニューラル機械翻訳とは異なり、どの

[*25] ちなみに筆者は最初この式を見たとき「 $P(e\,|\,f)$ を求めるのに、 $P(f\,|\,e)$ と $P(e)$ の2つに分解しても、 $P(f\,|\,e)$ を推定するのは同じくらい大変なんだから意味がないのでは?」と思っていました。

[*26] 語順が似ている言語対で、かつ対訳コーパスが大量に入手可能であれば、フレーズベースの統計的機械翻訳でもそれなりに翻訳ができていました。大きく文法構造が異なることがあまりなければ、フレーズ(連続する単語列)単位で抽出すればある程度語順の差を吸収できるからです。一方、日本語と英語のように語順が異なる言語対だと、フレーズ単位での並べ替えのように大きな文法構造の違いがあるため、構文木を用いた手法や、フレーズを並べ替えて語順の差異を吸収する手法など、ニューラル機械翻訳の登場までにさまざまな手法が提案されていました。

[*27] ここではスタックと言いますが、仮説のスコアでソートされた優先度付きキューのことです。

ようなフレーズをどのように組み合わせて翻訳結果を得ているのか、というプロセスを可視化することができる、というのは、ニューラル機械翻訳と比較した場合の利点であると言えます。

■ 最適化

　統計的機械翻訳はあくまで確率モデルなので、この翻訳モデルと言語モデルの推定精度を上げたからといって、必ずしも最終的な翻訳の精度が上がるというわけではありません。そこで、翻訳の精度が上がるように機械学習を用いて**最適化**（optimization）しよう、という流れが2000年代以降に登場します。この流れの1つが誤り率最小化学習、またはMinimum Error Rate Trainingの頭文字をとって**MERT**（マート）と呼ばれたりする手法です。

　MERTは機械翻訳の自動評価尺度、例えばBLEUを最大化するように、翻訳モデルや言語モデルの重みを調整します。**BLEU**（ブルー：Bilingual Language Evaluation Understudyの頭文字）は参照訳とシステム出力との間の単語 n グラムの適合率に基づいて翻訳の性能を測る尺度で、機械翻訳の自動評価のデファクトスタンダードとして広く使われています[28]。

　最初に提案された統計的機械翻訳は確率モデルでしたが、その後広く普及した統計的機械翻訳は、翻訳モデルや言語モデルも素性として用いた対数線形モデルなどの教師あり学習問題として定式化されており、それぞれのモデルの重みが最適化により訓練されます[29]。素性としては、翻訳モデルや言語モデル以外にも、語順の違いをモデル化した歪みモデルや、目的言語の単語数などさまざまな素性を用いることができ、ニューラル機械翻訳登場以前は、機械翻訳以外の分野と同様にどのような素性を設計するか、ということが一大研究テーマになっていました。

---

[28] MERT を用いた最適化は凸関数ではなく勾配に基づく最適化法は使えず、シンプレックス法のような手法で最適化をします。

[29] 対数線形モデルはベイズの定理による確率モデルの一般化になっています。

BLEUは原論文でも人手評価との相関は0.4程度と必ずしも高くなく、不適切な出力でも高いスコアを返すことがあったり、単語が少し違うだけで（意味は同じでも）低いスコアになったり、といった問題が広く知られています。そして、BLEUのみで翻訳の評価をすることに対する批判は根強く、多くの自動評価尺度が提案されています。

それでもBLEUがずっと使われているのは、BLEUは同じシステムの評価には割と安定して使えるということと、似ている言語対の評価では表層の問題もあまり起きない、という理由でことが考えられます。ちなみに、BLEUは性格の違う手法同士の比較はできない（BLEUのスコアの違いと人手による評価が必ずしも相関しない）のと、設定の違うデータ同士（例えば異なる言語対同士）でのBLEUの絶対値の比較にもほとんど意味がない、ということが知られています。

■ ツールキット

統計的機械翻訳のためのオープンソースのツールキットとして最も有名なものはMoses[*30]です。単語アライメントツールのGIZA++や言語モデル学習ツールのKenLMも同梱されているので、公式ページのチュートリアルに従って実行していけば、統計的機械翻訳システムを訓練することができます。また、開発も継続的にメンテナンスされているので、安心して使うことができます。Mosesを使うこと自体はそんなに難しくないと思いますが、一番難しいと筆者が思っているのはインストール作業であり、可能な限りLinux環境でバイナリをインストールすることをおすすめします[*31]。

また、評価にはsacreBLEU[*32]を使うことを強くおすすめします。BLEUは前処理や後処理の仕方でスコアが大きく異なることが知られており、そのような違いを吸収する目的で開発されたものです。Hugging Faceの評価ツールにはsacreBLEUとBLEUの両方がありますが、機械翻訳の評価をする場合はsacreBLEUを使うようにしましょ

[*30] https://github.com/moses-smt/mosesdecoder
[*31] 特定のバージョンのBoostでないとコンパイルできないが、使っているバージョンのOSで提供されているBoostとバージョンが違う、とか、特定のバージョンのg++でないとコンパイルできない、などのはまりポイントに当たると、インストールで時間が溶けます。Dockerfile は https://github.com/moses-smt/mosesdecoder/tree/master/scripts/docker にあり、Docker Hub にも Docker Image があります。
[*32] https://github.com/mjpost/sacreBLEU

う。

4-2-3 | 深層学習ベース

　図4.8にニューラル機械翻訳の概要図を描きました。第1章で説明したように、エンコーダと呼ばれるニューラルネットワーク、デコーダと呼ばれるニューラルネットワーク、という2つのニューラルネットワークを組み合わせたエンコーダ・デコーダモデルという構成で翻訳システムを作るのが一般的な構成です。このエンコーダ・デコーダモデルの枠組に沿って、順に見ていきます。

図4.8 ニューラル機械翻訳

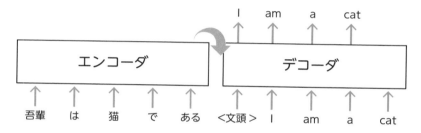

　統計的機械翻訳はヨーロッパの言語間での翻訳を中心に、10年ほど世間を席巻しましたが、そこに颯爽と登場したのがニューラル機械翻訳です。

　ニューラル機械翻訳は、統計的機械翻訳で問題とされていた $P(e \mid f)$ の推定を、翻訳モデルと言語モデルに分解することなく直接推定する、という、研究のセオリーを無視したアプローチで参入してきました。そして、大規模な対訳データと深層学習を組み合わせて用いることで、統計的機械翻訳と遜色ない翻訳性能が得られる、という事実がわかり、あっという間に研究の主力は統計的手法から深層学習の手法に置き換わりました。深層学習の発展とともに翻訳精度も劇的に向上し、開発においてもニューラル機械翻訳が統計的機械翻訳をほぼ駆逐した、といえるのが現状でしょう。

　ニューラル機械翻訳の式を統計的機械翻訳と対比させて書くと、次の

ようになります。

$$\hat{e} = \arg\max_e P(e \mid f)$$
$$= \arg\max_e \prod\nolimits^n P(e_n \mid e_0, e_1, \dots e_{n-1}, f)$$

　統計的機械翻訳は $P(e \mid f)$ を $P(f \mid e)$ と $P(e)$ の2つに分解しました
が、ニューラル機械翻訳では $P(e \mid f)$ をそのまま扱うところがポイント
です。$\prod$ の部分で目的言語の単語を先頭から1単語ずつ生成して、出力
文全体の確率を計算します。ここでの条件付き確率の計算は**連鎖律**
（chain rule）を用いて計算されるため、ここでの1行目と2行目の間の
変換も恒等変換です。$P(e \mid f)$ は**条件付き言語モデル**（conditional
language model）とも呼ばれます。

　実際に翻訳をするときは、このように1単語ずつ直列で出力を生成す
る手法のことを、**自己回帰**（auto-regressive）**モデル**と呼びます。自己
回帰モデルでは、文頭から1単語ずつ合計 n 回のステップに分けて文全
体を生成します。一方、出力の文全体に相当する単語集合を並列で出力
する手法のことを、**非自己回帰**（non auto-regressive）**モデル**と言いま
す。こちらは1ステップで文全体を生成することができます。

　機械翻訳のほとんどの手法は自己回帰モデルに基づくものですが、自
己回帰モデルは1単語ずつ生成するためにデコード時に $O(n)$ の計算時
間がかかるという欠点があり、これを解消するのが非自己回帰モデルで
す。こちらはデコード時の計算時間が出力の長さによらない、という利
点があります。

　図4.9にTransformerを用いた自己回帰モデルと非自己回帰モデルの
例を挙げました。この図の左側の自己回帰モデルでは、元原言語をエン
コードする部分は省略してありますが、1単語ずつ順番に生成するため
に、一気に文全体を生成することができないのがわかるでしょう。この
図の右側の非自己回帰モデルでは、1ステップですべての単語を出力で
きるので、文全体を生成することができます。また、それぞれの単語の
間のアテンションも、自己回帰モデルでは過去に生成した単語列に対す
るアテンションしか考慮できないのに対し、非自己回帰モデルでは文全
体のアテンションが考慮できる、ということにも注意してください。

図4.9 自己回帰モデルと非自己回帰モデル

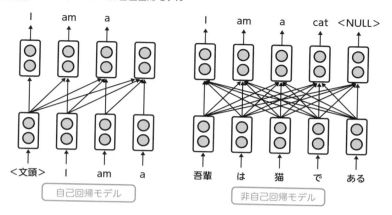

もちろん、非自己回帰モデルのほうが速くて精度も高いなら、みんなそちらを使うでしょう。しかし、非自己回帰モデルは高速ですが、精度は自己回帰モデルにかないません。そのため、非自己回帰モデルを使用すると、精度を若干犠牲にして高速化を測る、というアプローチになることがあります。というのも、独立にすべての単語に対して同時に出力を得るため、前後にどのような単語を出力したのか、という制約が明示的に入らず、前後のつながりがぎこちなくなり、流暢性が下がるからです（人間は一見流暢な出力を好むバイアスがあることも関係します）。この問題を解決するため、非自己回帰モデルの出力をもう一度入力に入れて反復的に洗練させることで、前後のつながりを考慮させる、ということがよくあります。この場合も、全体の最悪時の計算時間はkを最大の反復回数としてkに比例する計算量で抑えることができるので、依然として速度的なメリットがあります[*33]。

さらに、最初から非自己回帰モデルだけで訓練しようと思ってもうまく訓練することができず、自己回帰モデルの出力を非自己回帰モデルの訓練に用いる**知識蒸留**（knowledge distillation）と組み合わせて使うの

[*33] 文全体が1ステップで出力できても何ステップも繰り返すならトータルの処理速度は遅いんじゃないか、と思うかもしれません。しかし、経験的には数ステップ繰り返せば出力はほとんど変わらなくなり、文全体を何回もデコードしていることを考慮に入れたとしても、並列処理できるメリットが上回り、数倍〜数十倍高速に動きます。

が一般的です。前の出力結果（例：$t-1$番目までの出力単語列）に基づいて次の出力結果（例：t番目の単語）を予測するようなタスクを、**構造化予測タスク**（structured prediction）と言います。構造化予測タスクでは、訓練時には正解の系列データを使って訓練するにもかかわらず、テスト時にはこれまでのシステムの予測結果が正しいとして次の予測をしていく必要があり、システムの予測性能が低い場合には、必ずしも適切な構造を予測できない、という問題があります（**露出バイアス**；exposure bias）。知識蒸留は、人間が作成した正解データではなく、システムの出力結果を正解データとして使うことで、訓練時のラベルの分布とテスト時のラベルの分布の乖離を減らし、訓練・テストしやすくする、という手法です。非自己回帰モデルは、自己回帰モデルより言語モデルとしての言語生成能力が弱いため、知識蒸留のような処理を挟むことで、訓練の効率を上げたい、というわけです。

　ニューラル機械翻訳の実現方法には歴史的に大きく分けて3種類あります。リカレントニューラルネットワーク（RNN）を用いる手法、畳み込みニューラルネットワーク（CNN）を用いる手法、そしてTransformerを用いる手法、です。現在の主流はTransformerを用いる手法ですが、それぞれ重要な概念なので順番に解説します。

■ リカレントニューラルネットワーク

　RNN（1-2-4参照）を用いた手法は、入力を処理するRNN（エンコーダ）と、出力を生成するRNN（デコーダ）を組み合わせた構造をしています。自然言語処理では2013年から2014年にかけてLong Short-Term Memory（LSTM）およびGated Recurrent Unit（GRU）を用いたRNNによるニューラル機械翻訳が登場しましたが、長い入力に対して出力が安定しない、という問題から、2015年にアテンション機構が提案され、2018年くらいまではしばらくアテンション機構を組み込んだRNNによるニューラル機械翻訳が主流でした。

　図4.10の上部にはRNNによる機械翻訳の例を示しました。入力を文頭から文末方向に向かって走査するforward RNNと、文末から文頭方向に向かって走査するbackward RNNを組み合わせてエンコーダを構成します。片方向のRNNだけだと過去の履歴しか見ることができない

ので、例えば、forward RNNは文頭の単語には適切なベクトルを計算できず、重要な文脈情報を落としてしまうことがありうるのですが、2つのRNNを用いることで、右側の文脈と左側の文脈を両方考慮することができます。デコーダがそれぞれの単語を出力するときには、アテンション機構によってエンコーダ側のベクトルを重み付きで考慮しつつデコードします。長い文をデコードする場合でも、毎回エンコーダ側のすべての入力を見ることができるので、長文に対しても適切な翻訳ができるようになりました。

図4.10 RNNを用いた機械翻訳とCNNを用いた機械翻訳

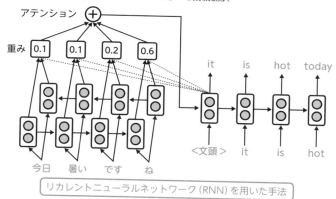

リカレントニューラルネットワーク（RNN）を用いた手法

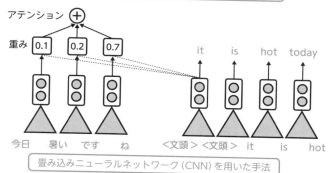

畳み込みニューラルネットワーク（CNN）を用いた手法

RNNによるニューラル機械翻訳は、統計的機械翻訳で問題であった長距離の依存関係を考慮したような翻訳が可能であり、少ないデータでもそこそこ安定して動く、という利点がありました。ただし、系列が長

くなると遅くなるという欠点がありました。Googleのニューラル機械
翻訳システムも、最初はLSTMを組み合わせて構成しており、訓練時
にも推論時にも並列で計算するような工夫をして、大規模化していまし
た[*34]。

■ 畳み込みニューラルネットワーク

　CNNを用いたニューラル機械翻訳は2017年にFacebookのチームが
初めて提案したものです。この手法は、入力を処理するCNN（エン
コーダ）と、出力を生成するCNN（デコーダ）を組み合わせた構造をし
ています。CNNでは周辺k個（カーネル幅と呼ばれるハイパーパラメー
タ）のトークン列を畳み込んで少しずつ動かしながら計算を行います
が、この畳み込みのときにはカーネル幅の外にあるトークンはまったく
参照せずに計算をします。従って、RNNと比較して、長距離の文脈を
考慮することができないものの、それぞれの畳み込み処理は独立に計算
でき、RNNよりも並列処理に適した構造をしているために、効率よく
アテンションを計算することができます。また、RNNと比べて高速に
処理することができるので、実用的なシステムを作るときには検討に値
します。

　図4.10の下部にはCNNによる機械翻訳の例を示しました。CNNで
は連続する数個の単語のベクトルを畳み込んで計算します。このとき畳
み込む単語数を増やしたり、あるいは畳み込む層の数を深くしたりする
ことで、考慮する文脈の長さを長くすることができます。前の単語の計
算が終わらないと次の単語の計算ができないRNNとは異なり、CNN
ではそれぞれの畳み込みの操作は独立して計算することができるため、
並列処理に向いています。エンコーダで得られたベクトルをデコーダで
はアテンション機構によって重み付きで考慮する、というのはRNNと
同じです。

　高い翻訳性能で知られるDeepL[*35]は、あえてRNNではなくCNNを採
用していたということで有名になりました。クローズドソースなので詳

[*34] https://ai.googleblog.com/2016/09/a-neural-network-for-machine.html
[*35] https://www.deepl.com/en/blog/how-does-deepl-work

細はわかりませんが、現在はTransformerも組み合わせているそうです。

■ Transformer

Transformerは2017年にGoogleのチームが提案した新しいアーキテクチャで、入力を処理するTransformer（エンコーダ）と、出力を生成するTransformer（デコーダ）を組み合わせた構造をしています。エンコーダでは入力のすべての要素の間で自己アテンションを計算することで、CNNの欠点である長距離の依存関係をとらえることができます。また、1-2-4の図1.5のようにデコーダ側で自己回帰的に自己アテンションを計算しつつ生成することで、RNNのようにそれまでに出力した要素を考慮しながらデコードすることができます。そして、マルチヘッドと呼ばれる機構で、ヘッドごとに別の機能に対応する処理を分けて訓練することもできます（例：文法に対するヘッド、意味に対応するヘッド）。エンコーダのトークン列とデコーダのトークン列の間には、RNNによるエンコーダ・デコーダモデルと同様のクロスアテンションがあり、どのトークンに注目して生成するか、といったことを考慮することができます。

Transformerでは RNN や CNN と比べてハイパーパラメータのチューニングに手間がかかるものの、大規模なデータでしっかりとチューニングした場合は高い性能が得られる、ということも経験的にわかってきたため、2018年以降のニューラル機械翻訳では主流になっています。

Googleのニューラル機械翻訳システムは、Transformerが世に出たあとにエンコーダをTransformerにしたそうですが、デコーダにはLSTMが生き残っていました[36]。デコーダをTransformerにしても精度は必ずしもそれほど向上せず、LSTMのほうが生成時には高速に動作するため、だそうで、必ずしもすべてをTransformerにしたほうがよい、というわけではないようです。

ニューラル機械翻訳を訓練するためのツールはさまざま提案されており、代表的なものでfairseq、OpenNMT、Marianといったものがあります。

---

[36] https://ai.googleblog.com/2020/06/recent-advances-in-google-translate.html

1. fairseq ＊37
   Facebookによる系列変換タスクのためのツールキットで、事前学習モデルを用いないニューラル機械翻訳の研究で広く使われています。評価も含めて簡単に行うことができるので、迷ったらまずfairseqを使うとよいでしょう。

2. OpenNMT ＊38
   機械翻訳に特化したフレームワークで、fairseqと同じくPyTorchによって書かれたOpenNMT-pyと、TensorFlowによって書かれたOpenNMT-tfの2つが存在します。個人的な意見ですが、機械翻訳だけを考えるとOpenNMTのほうが使いやすい気がします。

3. Marian ＊39
   C++で書かれたニューラル機械翻訳のフレームワークで、Microsoftのチームらによって開発されています。速度やメモリ効率の観点からも効率が高いことが示されており、商用のシステムを作るのには最適です（MITライセンスです）。

4. Hugging Face Transformers ＊40
   Hugging Face TransformersはTransformerに特化して、さまざまな自然言語処理タスクを実装することができます。特に、事前学習モデルを使う場合、簡単に組み込むことができて便利です。MarianMTで訓練されたモデルを変換して読み込むこともできます。

　お手軽に機械翻訳システムを構築したい場合、Transformers をベースに、事前学習モデルとしてはFacebookのM2M100＊41を使うのが一番簡単に翻訳できると思いますが、十分対訳データが手元に用意できる場合は1〜3のような機械翻訳用のツールキットを使って訓練するとよいでしょう。

＊37　https://github.com/facebookresearch/fairseq
＊38　https://opennmt.net/
＊39　https://marian-nmt.github.io/
＊40　https://github.com/huggingface/transformers/blob/main/README_ja.md
＊41　https://huggingface.co/facebook/m2m100_1.2B

4-2-4 | 評価

BLEU（Bilingual Language Evaluation Understudy）は先述の通りリファレンス（機械翻訳タスクでは参照訳）とシステム出力の間の n グラムの適合率によって翻訳の質を評価する尺度です。参照訳とは、事前に用意しておいた正解の翻訳文のことです。

$$\text{BLEU} = \text{BP} \times \exp\left(\frac{1}{\sum_{n=1}^{N} w_n \log(p_n)}\right)$$

ここで N は考慮する最大の n グラム数、p_n は n グラムの適合率、w_n は n グラムの重みです。適合率で測るため、短い出力を出すとスコアが高くなる傾向があり、これを補正するために BP：brevity penalty というペナルティをかけて、短い出力にはスコアを少し割引きます。

また、BLEU は複数のリファレンスを用いて評価する枠組みも元々提案しています。機械翻訳のように、入力に対して「正解」となる出力が一意に決まらない場合、複数の「正解」候補を用いてスコアの計算をする、というのは自然なことでしょう（むしろ、正解が1つではないのに、強引に正解を1つに決めてしまうのはおかしいでしょう）。実際、複数のリファレンスを用いて BLEU を計算すると、単一のリファレンスを用いて計算された BLEU と比較して、それ以外の設定がすべて同じでも、スコアが高く出ます[42]。

図4.11には英語を目的言語とした BLEU スコアの計算例を示しました。左側はシングルリファレンスでの BLEU-2 スコアの計算になります。今回は BLEU-2 スコアなので、ユニグラムとバイグラムから計算します。p_1 はユニグラムから計算し、出力が8単語あり、うち下線のある4単語が参照と共通するので、$p_1 = \frac{4}{8}$ となります。p_2 はバイグラムから計算し、出力が7バイグラムあり、そのうち下線のある2バイグラムが参照と共通するので、$p_2 = \frac{2}{7}$ となります。今回は出力が参照訳よりも長いため、brevity penalty はかからず、p_1，p_2 から計算した

---

[42] 違う設定での BLEU スコアの絶対値の比較には意味がない、というのは、ここにも理由があります。

BLEU-2スコアは0.38となります。右側はマルチリファレンスでの
BLEU-2スコアの計算になります。p_1, p_2 の計算における分母はそれ
ぞれ同じですが、分子が異なり、それぞれの参照訳に出現するユニグラ
ムやバイグラムとの共通を用います。ユニグラムは下線を引いた7単語
が参照訳に出現するので $p_1 = \dfrac{7}{8}$ で、バイグラムは "it is", "like a",
"language to", "to me" の4つのバイグラムが参照訳に出現するので
$p_2 = \dfrac{4}{7}$ となります。これらを合わせると、BLEU-2スコアは0.71とな
り、シングルリファレンスでのBLEU-2スコアと比較しても高くなるこ
とが見てとれます。

図 4.11 BLEUの計算（シングルリファレンスとマルチリファレンス）

出力例 : It is like a different language to me　　出力例 : It is like a different language to me
参照例 : It is all Greek to me　　　　　　　　参照例 : It is all Greek to me
　　　　　　　　　　　　　　　　　　　　　　　　　　It feels like a foreign language to me

$$p_1 = \frac{4}{8} = 0.50 \qquad\qquad p_1 = \frac{7}{8} = 0.88$$

$$p_2 = \frac{2}{7} = 0.29 \qquad\qquad p_2 = \frac{4}{7} = 0.57$$

$$\mathrm{BLEU\text{-}2} = 0.38 \qquad\qquad \mathrm{BLEU\text{-}2} = 0.71$$

シングルリファレンス　　　　　　　　マルチリファレンス

　ここで注意していただきたいのは、元々のBLEUはコーパス単位で
の出力の評価をすることを目的としていて、文単位での出力の評価は必
ずしも目的としていない、という点です[*43]。文単位のBLEUの場合はリ
ファレンスの表現がたまたま出力できているかどうかで大きくスコアが
変化してしまうため、同じ意味でもリファレンスと違う n グラムを出し
てしまうと低いスコアになってしまう（1単語でも間違えると n グラム
的に大きなペナルティになります）ので、人間が見るとそんなに悪くな
い出力でも、低いスコアになることがあるのです（特にリファレンスの
数が少ないときに顕著です）。コーパス単位であれば、このような出力
はどのシステムにも平等に起きうるので、システムの評価における影響

[*43] 文単位のBLEUを計算する手法はsentenceBLEUと呼ばれます。

は少なくなります。

4-2-5 | コーパス

　機械翻訳の研究でよく用いられるのは国連のコーパスです。これは国連の公用語はお互いに対訳関係になっている、という特徴を生かして構築されたコーパスで、言語の語族が異なるような言語対でも1,000万文規模の対訳データが得られるので、実験に使いやすいのです。

　日英の機械翻訳で使える言語資源の一覧は次にまとまっています。

https://www.phontron.com/japanese-translation-data.php?lang=ja

　研究でよく使われているのは**ASPEC（Asian Scientific Paper Excerpt Corpus）**コーパス[*44]で、科学論文から抽出された対訳コーパスです。また、日英特許翻訳で使われていたNTCIR特許翻訳データセット[*45]も数百万文規模で使える対訳コーパスになっています。いずれのコーパスも、文書単位でペアになっているコンパラブルコーパス[*46]から文を抽出しているため、文単位では必ずしも対応関係にないようなノイジーなデータが混ざっていることに注意してください[*47]。

　大規模で研究目的に利用できる日英の対訳データはJParaCrawl[*48]があります。Webからクロールしたデータで、バージョン3.0では日英で2,200万文対あり、学習済みモデルも公開されています。一方、ノイズも多く混ざっているので、コーパスをフィルタリングするという共通タスクも開催されています（商用利用についてはNTTに問い合わせてください）。

[*44] https://jipsti.jst.go.jp/aspec/

[*45] https://research.nii.ac.jp/ntcir/permission/ntcir-10/perm-ja-PatentMT.html

[*46] コンパラブルコーパスとは、対訳コーパスのように文や文書単位できっちり対応がつけられるコーパスではないが、意味的におおよそ大体同じようなことについて書いてあるという対応がつけられるコーパスのことを言います。例えば、将棋の藤井聡太棋士が史上最年少で名人を獲得した、という新聞記事を複数の新聞から抽出して収集したような場合、それぞれ文同士の対応はつけることはできませんが、大体同じような事実について書かれている記事単位の対応がついたコーパスができます。

[*47] 文アライメントの信頼度スコアがついているので、低い信頼度の文は訓練には用いない、というような使い方もできます。

[*48] https://www.kecl.ntt.co.jp/icl/lirg/jparacrawl/

4-3 対話：チャットのやり取りをする

系列変換タスクの最後の話題として、最もホットな対話システムの作成を取り上げましょう。とはいうものの、ここで扱うのはテキストベースでやりとりをする**チャットボット**（chatbot）の構築が目的であり、1-5で述べたように、システム全体として考えるとどのようなデザインで対話システム全体を設計するか、といったことのほうが重要です。しかし、それを扱うのは本書の範囲を超えるので、ご興味のある方は巻末の参考書籍をご覧ください。

チャットボットシステムの開発に当たっては、自然言語処理の「精度」のようなもの以上に、キャラづけが重要であることもあります。例えば、Microsoftの「りんな[*49]」はキャラづけに成功している事例です。「りんな」は女子高生という設定で作られているので、突然話の腰を折って別の話をし始めても、ユーザはそこまで違和感がないのです。これが執事ふうのコンシェルジュシステムだと、ユーザの言うことを聞かずに「それはさておき、こちらはいかがですか？」と提案されても、ユーザは満足しないでしょう。

4-3-1 ルールベース

チャットボットシステムを作るに当たっては、ルールベース、つまりテンプレートベースの手法はあなどれません。特に、対話するシナリオをある程度絞り込む場合、ユーザの応答はそこまでのバリエーションがないこともあるので、人手でテンプレートをひたすら記述することで、それなりに応答ができるシステムを作ることが可能なのです。なぜテンプレートベースのアプローチがよいかというと、システム主導で会話の流れをコントロールするようなシナリオを書けば、流暢な応答文を生成することが可能であるため、ユーザの満足度も高い（より正確には、ユーザの不満度が少ない）のです。

[*49] https://www.rinna.jp/

図4.12には病院の自動受付システムを想定したテンプレートベース
の対話システムの例を示します。[*50] システム側でどのような入力が入っ
てくるかをコントロールできるので、入力の中に入っているパターンに
応じてどのような応答を生成するか、というルールを書きます。ここで
用いているのはArtificial Intelligence Markup Languageという対話用
のマークアップ言語で、簡単なパターンやテンプレートを書くことがで
きます。<pattern>タグに入力のパターンを記述し、それに対する応
答を<template>タグに記述します。<pattern>タグにはワイルドカー
ドを用いたり、同義語となるような表現は<srai>タグでまとめたりす
ることができるので、ワークフローが単純な場合はこのようなシンプル
なシステムでも実装できます。一方、ワークフローが複雑な場合はシス
テムの内部状態を管理する必要があるため、より複雑なシステムとして
構成する必要があります。

図4.12 テンプレートベースのチャットボットシステム

```
AIML (Artificial Intelligence Markup Language)
 <category>
 <pattern>ワクチン</pattern>
 <template>予防接種の予約ですね。</template>
 </category>

 <category>
 <pattern>ワクチン*</pattern>
 <template><srai>ワクチン</srai></template>
 </category>

 <category>
 <pattern>予防接種*</pattern>
 <template><srai>ワクチン</srai></template>
 </category>
```

実際には、開発者の力だけで可能な選択肢のバリエーションを列挙す
ることは難しいため、ある程度のテンプレートを開発側で用意しておい

[*50] アメリカにいた頃、銀行や企業のサポートなどの受け付けに電話しても自動応答なの
が一般的で、最初は慣れませんでした。日本人の発音であるせいか、滑舌が悪いせい
か、自動認識システムに理解されず "Sorry, I didn't get you. Please select……" と言
われることが多いのですが……。イギリスでは、自動応答なのは変わりませんが、日
本と同じく選択肢を番号で選ぶ（選択肢次第では最終的に人間につながる）システム
で、すぐに慣れました。

たあとは、アルファ版・ベータ版としてリリースして実際のユーザに使ってもらい、そこでの対応の**履歴**（history；応答ログ）を用いて継続的にシナリオやテンプレートを改善する、という運用にするのがベストプラクティスの1つです。シナリオに基づくチャットボットの場合、応答に失敗しているやりとりを失敗の類型に基づいて頻度順にソートして高頻度のものから順に潰していくことで、速やかにシナリオのカバー率を向上させることができるからです。

　一方、このような戦略がとれるのは、最初からある程度のユーザ数が見込まれるサービス（例えばすでに他の事業で知名度のある大企業が新しいサービスとしてローンチする場合）の話であって、まだユーザ数が少ないスタートアップ企業では必ずしもスムーズにいくとは限らない戦略です。最初からそれなりの使い勝手がないと、熱心に使ってくれるユーザが定着せず、改善していく正のフィードバックのサイクルに乗せることが難しいためです。

4-3-2 統計ベース

　統計ベースのチャットボットシステムは、情報検索的なアプローチと機械翻訳的なアプローチが主なアプローチです。いずれも、対話コーパスの存在を仮定し、対話コーパスから応答を生成する、という方針です。

　情報検索的なアプローチだと、対話コーパスで発話を検索し、似ている発話を取得して一部書き換える、というような方法で実現できます。用例翻訳と似ている方法とも言えます。テンプレートベースの手法と違い、人手でテンプレートを書くのではなく、対話コーパスに用例を求めるところが利点でも欠点でもあり、手元に使えるコーパスがあれば人手ですべてを書く必要がないのでカバレッジを上げることができますが、たまたま取得された用例が出力としてふさわしくない場合でも使われうるので、テンプレートベースより注意が必要でしょう。

　一方、機械翻訳的なアプローチでは、対話コーパスから抽出した発話ペアから統計的機械翻訳システムによって応答するモデルを訓練します。統計的機械翻訳システムは先述したように言語モデルと翻訳モデルによって構成され、言語モデル部分はタスクによらず汎用的なモデルで

よいので、チャットボットシステムとしては翻訳モデル部分を作り込めばよい、というわけです。とはいえ、統計的機械翻訳システムを用いると、どうしても出力に妥当性と流暢性が欠けます。分野を絞って大量に対話データを集めて網羅性を上げることである程度解決可能ですが、分野を絞ってシステムを作り込むのであれば、テンプレートベースで作り込むほうが制御がしやすいでしょう。

4-3-3 機械学習ベース

　機械学習ベースのチャットボットシステムを作るのは、他の系列変換タスク、文書要約や機械翻訳と同じく、入力と出力がペアになったコーパスを用いて深層学習によって作成するのが、最もスタンダードな作成方法です。

　図4.13に深層学習を用いたニューラル対話システムのアーキテクチャを2つ示しました。上はエンコーダ・デコーダモデルを用いて入力をエンコーダで処理し、出力はデコーダで生成する、という系列変換の枠組みで、素直にチャットボットを実装する流れです。下は大規模言語モデルのようなデコーダのみを用いるモデルで、入力も1つの言語モデルに入れて出力を得ます[51]。入力と出力がペアになったデータが必要なエンコーダ・デコーダモデルと異なり、大規模なテキストで事前学習できるので、事前学習しやすいという利点があります。

---

[51] このとき、入力のそれぞれのトークンに対するトークンの確率分布も得られますが、入力自体は外から与えられるトークン（forced decoding）なので、確率分布は使いません。

図4.13 ニューラル対話 (エンコーダ・デコーダモデル、デコーダモデル)

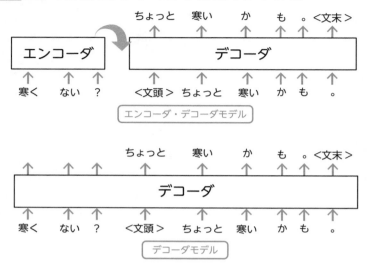

　対話は文書要約と比べると、入力と出力の言語が同じという点は共通していますが、文書要約は出力に含まれる多くの表現が入力に含まれているのに対し、対話の出力は入力のコピーではありません。また、文書要約だと文書全体が入力になるのに対し、対話だとそれまでの発話履歴全体が入力になるので、対話のプランニングに相当する部分をモデル側で考慮する必要があります。

　対話が一般的な機械翻訳と異なるのは、機械翻訳は一文ずつ翻訳するのに対し、対話は発話全体の流れを考慮する必要があるため、発話の履歴を扱うような構造のモデルにする必要がある、ということです。また、機械翻訳だと言語は違えど入力と出力はほとんど同じ意味、そしてだいたい同じ長さとなりますが、対話の場合は入力と出力が同じ意味になることは稀で、長さもまちまちです。大規模な対話コーパスを用いて系列変換モデルを訓練することで、このような特徴が自動的に獲得されることを期待することはできますが、必ずしも狙ったようにモデルが構築されないことがある、というのが問題点です。

　大規模言語モデルは事前学習にWebテキストや書籍など、対話が含まれるコーパスを用いて訓練することで、対話をする能力もある程度獲得

していることが期待されます。また、人手によるフィードバックを用いてさらに訓練することで、チャットを行うモデルとしても適切な応答ができるようにチューニングすることができます。事前学習では文書全体を用いて訓練しているので、自然と文を跨ぐようなつながりも学習していますし、一般常識のような世界知識も獲得しており、これまでは難しかった雑談もこなせるのでしょう。ChatGPTも多言語の事前学習モデルに対して対話のプロンプトを用いて訓練されているようで、日本語での対話もある程度行うことができます。

4-3-4 評価

　対話システムは他の系列変換タスクに比べると、チャットボットであっても格段に評価が難しいです。満たすべき基準として、応答のひとつひとつが流暢であるかどうか、入力に関して妥当であるか、といった観点以外に、応答全体で首尾一貫しているか、といった基準も必要です。また、システムの出力の評価としては、多様な出力が生成できるか、という点も重要でしょう。

　特に雑談対話のような設定では、入力に対して可能な応対が無数にあるため、有限の応答をリファレンスとして用意して妥当性を測る、というアプローチには限界があります。開発の段階では自動評価を用いても[*52]、最終的には人手評価が必要である、ということは異論がないでしょう。現実的なコストとの兼ね合いになりますが、可能な限り多くの人に評価してもらうことが重要です。

　その限界があるにしても、BLEUのような機械翻訳のための評価尺度を援用して自動評価を行う、という戦略はありえます。というのも、深層学習に基づく言語モデルの登場により、出力の流暢性が大幅に向上したので、流暢性についてはそこまで評価する必要がなくなり、入力に対する妥当性を測る必要性が増していますし、リファレンスを用意した

[*52] 最終的にどのようなシステムが有用なシステムであるとみなしているのか、ということを突き詰めて考えることなしに、無批判に（場合によっては、自動で構築された質の高くない応答のペアを「正解」だと思って）BLEUのような評価尺度を用いることは、すすめられたことではありません。

うえで、深層学習の言語モデルベースの手法で入力およびリファレンスとの関連度を測れば、ある程度評価ができる、と考えられるからです。

また、リファレンスを用いない評価方法である品質推定（2-3参照）を行うことも、リファレンスに基づく評価の難しさを回避する1つの案です。特に文書単位のデータを用いて訓練されている大規模言語モデルを使えば、首尾一貫性についてもある程度評価できることが期待されます[*53]。

4-3-5 コーパス

チャットボットシステムを作る場合、他のタスクと比較して特に問題となりやすいのは、対話コーパスの取得・構築です。対話のデータは、テキストベースのやりとりといえど、プライベートな情報が入りやすく、コーパスの公開には文を書いた人の同意が得られにくい、といった問題があります。

日本では、世界的にも先進的な改正著作権法の成立により、機械学習のモデル構築のためには（著作権者の同意を得なくても）いろいろなデータを使ってもよい、ということになっていますが、個人情報にかかわるようなデータ、そしてセンシティブなデータは前処理によってクリーニングしておきたい、ということもあります。法律的にOKである、ということと、コンプライアンス的にOKである、ということは別で、スタートアップ企業であればハイリスクでも手を出せることでも、大企業であればリスクを考慮して使えない、ということもありえます。

Webから対話のためのコーパスを自動構築する1つの方法としては、X（旧Twitter）の中で公開設定でやりとりをしているユーザのリプライを擬似的な応答ペアだと思ってクロールし、訓練に用いる、という手法がありました。この場合、データを収集するコストはあまりかかりませんが、必ずしも質の高いコーパスになるとは限らないのが欠点です[*54]。

[*53] チャットボットシステム自身と同じモデルで品質推定をすると適切に評価できないので、例えば、GPT-3.5でチャットボットシステムを構築し、GPT-4で品質推定システムを構築する、といったような役割分担が考えられます。

[*54] 筆者の経験では、X（旧Twitter）では自動応答のボットも多く、ほとんどのやりとりはノイズでした。

　一方、X（旧Twitter）は2023年以降無料で使えるAPIを大きく制限したので、今後研究目的で使うのは難しいデータとなるでしょう。

　あるいは、「小説家になろう」[*55] のようなサイトから、対話になっているような部分を自動抽出して使う、といった手法も考えられます。英語で言えばReddit[*56] やStackoverflow[*57] というサイトが有名です。

　また、英語ではUbuntuコーパス[*58] と呼ばれるコーパスがよく使われています。これはUbuntu Linuxのメーリングリストから自動抽出された応答のペアで、ノイジーですが分量が多いため、研究用途では使いやすいです[*59]。

　図4.14に応答ペアを自動収集する例を挙げました。上はXのようなマイクロブログから抽出する例で、ある投稿に対するリプライや引用リポストを元の投稿に対する応答だとして収集します。元の発言を引用してインラインで返事を書くようなメーリングリスト・フォーラムでも、同様に応答のペアを抽出することができます。下は小説のような会話形式が含まれるテキストから抽出する例です。カギカッコのような手がかりを用いて対応づけをして、応答を収集します。

　深層学習モデルの事前学習には、このように自動収集したデータが活躍しますが、教師あり学習や大規模言語モデルの**指示チューニング**（instruction tuning）には質の高いデータが必要であり、依然として人手でデータを整備することは重要です。また、チャットボットの多くのユースケースでは、必ずしも雑談的な応答や常識的な知識による回答ができる必要はなく、どのような要件が必要であるかを洗い出し、**検索拡張生成**（retrieval augmented generation: RAG）のような形で手元にある専門知識を活用しつつ、対話的なインタフェースと組み合わせる方向を検討するほうが有用でしょう。

---

* 55　https://syosetu.com/
* 56　https://www.reddit.com/
* 57　https://stackoverflow.com/
* 58　https://github.com/rkadlec/ubuntu-ranking-dataset-creator
* 59　ちなみに、Ubuntu LinuxのQAのやりとりが多いので、テキストを見るとシステム管理に詳しい人はニヤリとするような応答もけっこうあります。

図4.14 対話コーパスの自動生成

ポスト　　　　　　　　　　　　　　　　　　リプライ・リポスト

> 下の子がお菓子を食べるとき妻に「ポロポロこぼして！
> 誰が掃除するの！」と怒られていたが、下の子は半泣き
> になりながら「パパ」と答えて、話が終了していた。

> 子供がお菓子をこぼすのは
> よくあること

> ずっとパパのターン

データの対応づけ

下の子がお菓子を食べるとき妻に「ポロポロこぼして！誰が掃除するの！」と怒られて
いたが、下の子は半泣きになりながら「パパ」と答えて、話が終了していた。

子供がお菓子をこぼすのはよくあること

マイクロブログからの抽出

アヤ：「ねえ、このあとみんなで公園に行かない？」
ミナ：「いいね！私、新しい縄跳び持ってくるよ！」
サキ：「公園って、あそこにある滑り台のあるところ？」
アヤ：「そうそう、あそこに大きな滑り台がある公園だよ。」
ミナ：「縄跳びの後で、滑り台もやろうよ！」

データの対応づけ

ねえ、このあとみんなで公園に行かない？

いいね！私、新しい縄跳び持ってくるよ！

会話文からの抽出

4-4　演習：機械翻訳

　ここでは系列変換タスクの実例として、英日機械翻訳を取り上げて実
際に翻訳システムを作ってみます。英日機械翻訳にする理由は、出力が
日本語なので良し悪しを自分で判断しやすいためで、自ら評価してみる
ことで2-4でやったような機械翻訳の品質推定の評価データとして使う
こともできます。

　この演習では、GPUがなくても翻訳システムを動かすことができま
す。他方、CPUのみで実行した場合は、翻訳モデルの訓練にGPUを使
う場合の数十倍の時間がかかってしまいます。手元にGPUがある場合

は、GPUを有効にして試すことをおすすめします（サポートサイトの
Google Colabでは、無料でGPUを使うことができ、設定から選択する
だけで有効になります）。

4-4-1 ツールのインストール

Facebookの開発した`fairseq`を使って実装します。`fairseq`は
Pythonで書かれており、`pip`でインストールすることができます[60]。

4-4-2 データのセットアップ

研究目的で使える対訳データは4-2で紹介しましたが、ここでは少な
いデータで実験できるコーパスを使いたいので、田中コーパス[61]とい
うデータを使用します。これは日本の大学生が英語から日本語に翻訳し
たデータで、そのうち適当な長さの5万文を抽出したデータが公開され
ているので、そちらを使います。

```
> git clone https://github.com/odashi/small_parallel_enja
Cloning into 'small_parallel_enja'...
remote: Enumerating objects: 35, done.
remote: Total 35 (delta 0), reused 0 (delta 0), pack-reused 35
Unpacking objects: 100% (35/35), done.
```

コピーされたファイルを確認します。

```
> ls small_parallel_enja
dev.en      train.en.000    train.en.vocab.all    train.ja.004
dev.ja      train.en.001    train.ja              train.ja.vocab.4k
README.md   train.en.002    train.ja.000          train.ja.vocab.all
test.en     train.en.003    train.ja.001
test.ja     train.en.004    train.ja.002
```

---

[60] `fairseq`は開発サイクルが速く、新しいバージョンがすぐにリリースされて、新しい
バージョンでは古いバージョンに対応して書かれた実装では動かなくなってしまうこ
とがよくあります。GitHubのサイトは随時更新するので、動作しなかった場合は、お
手数ですが著者までご連絡いただけると幸いです。

[61] http://www.edrdg.org/wiki/index.php/Tanaka_Corpus

```
train.en    train.en.vocab.4k   train.ja.003
```

train.enとtrain.jaが訓練用の対訳データ、dev.enとdev.jaが開発用の対訳データ、そしてtest.enとtest.jaがテスト用の対訳データです。

これらのデータをfairseqが処理できるように前処理します。fairseqには前処理用のスクリプトが付いています。ニューラル機械翻訳では、最近はサブワード化することが一般的ですが、今回は一度翻訳のサイクルを回すことを主眼にするので、サブワード化は行わずに処理します。

```
> env TEXT=small_parallel_enja
fairseq-preprocess --source-lang en --target-lang ja ¥
   --trainpref ${TEXT}/train ¥
   --validpref ${TEXT}/dev ¥
   --testpref ${TEXT}/test ¥
   --destdir data ¥
   --workers 20
```

前処理後のデータをdataというディレクトリに格納する、という処理です（--source-lang enと--target-lang jaは今回英日翻訳なので、このように指定します）。

また、訓練過程を見ながら適切に訓練されているかどうかをチェックしたほうが開発しやすいので、TensorBoardをインストールして設定します。

```
> pip install -q tensorboardX
> tensorboard --logdir runs
```

これで準備完了です。

翻訳モデルの訓練

翻訳モデルの訓練は`fairseq-train`で行います。`fairseq-train`にはさまざまなパラメータがありますが、`fairseq`のREADME*[62]に訓練方法のチュートリアルがあるので、その記載を参考に今回の設定に合わせて変更します。

```
> env CUDA_VISIBLE_DEVICES=0
fairseq-train ¥
  data ¥
    --arch transformer_iwslt_de_en ¥
    --share-decoder-input-output-embed ¥
    --encoder-embed-dim 512 --decoder-embed-dim 512 ¥
    --encoder-layers 4 --decoder-layers 2 ¥
    --optimizer adam --adam-betas '(0.9, 0.98)' --clip-norm 0.0 ¥
    --lr 5e-4 --lr-scheduler inverse_sqrt --warmup-updates 4000 ¥
    --dropout 0.3 --weight-decay 0.0001 ¥
    --criterion label_smoothed_cross_entropy --label-smoothing 0.1 ¥
    --max-tokens 4096 ¥
    --patience 10 ¥
    --eval-bleu ¥
    --eval-bleu-args '{"beam": 5, "max_len_a": 1.2, "max_len_b": 10}' ¥
    --eval-bleu-remove-bpe ¥
    --eval-bleu-print-samples ¥
    --best-checkpoint-metric bleu --maximize-best-checkpoint-metric ¥
    --tensorboard-logdir runs
```

実行すると、訓練に応じてロスがどのように変化しているか、1エポック終了時に開発データでどのような出力が得られるか、といったような情報が出力されますが、ロスやBLEUの推移については4-4-2で設定した`TensorBoard`の出力を見るとよいでしょう。

例えば、図4.15は開発データでのBLEUスコアの推移です。上がBLEUの最大値の推移で、下がBLEUの推移です。また、暗い線が実際の値で、明るい線はスムージングした値です。開発データでBLEUが最大になるようなモデルを選択することが一般的ですが、訓練に従っ

---

*[62] https://github.com/facebookresearch/fairseq/blob/main/examples/translation/README.md

てBLEUが増加していることを確認してください。増加のスピードが遅過ぎるようなら学習率を増やすことも検討すべきですし、そもそもBLEUが低すぎるようなら訓練データでしっかりロスが下がっているかどうかをチェックしてみてください。

図4.15 開発データでの BLEU スコアの推移
横軸は更新回数

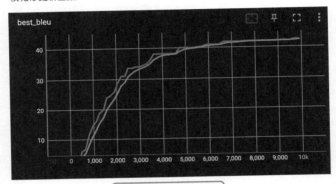

BLEU の最大値の推移

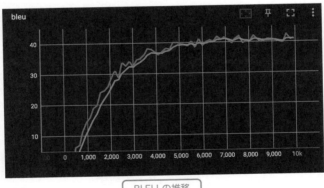

BLEU の推移

4-4-4 NMT による翻訳

デコードは`fairseq-generate`で実行します。これは翻訳モデルを1つ指定して実行しますが、開発データでBLEUが最大になったモデルが`checkpoint_best.pt`という名前で保存されているので、これを指

定して実行してみます。**--batch-size**はそれぞれの環境におけるGPU
のメモリサイズによってどこまで増やせるかは異なりますが、指定でき
る中で大きな値を指定したほうが効率がよいです。**--beam**はビーム幅
を指定するオプションで、同時に何個の仮説を保持しながらデコードす
るのかをコントロールします。1にすると精度が下がりますが、あまり
増やすと遅くなります。適切な値を指定してください。

```
> fairseq-generate data ¥
    --path checkpoints/checkpoint_best.pt ¥
    --batch-size 128 --beam 5 | tee output.txt
...
S-239   the airplane fell to the earth .
T-239   飛行 機 が 地面 に 落ち た 。
H-239   -0.27849075198173523   その 飛行 機 は 地球 に 落ち た 。
D-239   -0.27849075198173523   その 飛行 機 は 地球 に 落ち た 。
P-239   -0.3339 -0.0159 -0.0046 -0.1564 -0.4710 -1.5168 -0.0871 -0.0462 -0.0729
-0.0803
S-366   give me the <unk> of it .
T-366   その 内訳 は ?
H-366   -1.2582974433898926   それ は わたし に 対 する 最新 の もの を くださ い 。
D-366   -1.2582974433898926   それ は わたし に 対 する 最新 の もの を くださ い 。
P-366   -1.0060 -2.0763 -2.8737 -0.0773 -3.5574 -0.4272 -4.8349 -0.0098 -0.5506
-1.2947 -0.7192 -0.0369 -0.0755 -0.0769
...
```

　ここでS-, T-, H-, D-, P-で始まる行が翻訳に関する情報の入っている
行で、それぞれIDが数字で振られています。英日翻訳ですので、ソー
スとなる英語がS-, ターゲットとなる日本語のリファレンス文がT-で示
されています。H-とD-は同じ情報が出力されます。いずれもシステム
が生成した日本語の文と、それに対応する尤度が先頭に付いています。
尤度なので、この値が高ければ高いほど、翻訳結果として確からしいと
システムが考えている、ということになります。P-の行はそれぞれの
トークンに対応する尤度になるので、翻訳結果が怪しいところをデバッ
グするときには、この尤度を手掛かりに分析することができます。
　出力は**output.txt**というファイルに格納したので、その中を見てみ
ることができます。

```
> grep "^H" output.txt | LC_ALL=C sort -V | cut -f3- | head -n 5
彼 ら は つい に それ を 真実 だ と 認め た 。
彼 は 水泳 が 好き で は な かっ た 。
彼 は お 姉 さん と 同じ くらい 親切 だ 。
10 時 前 に 帰 ら な けれ ば なら ない 。
勘弁 し て よ 。
```

　機械翻訳の研究開発は、このように翻訳結果を見つつ、データやモデルの改善に取り組んでいく、というサイクルを回していくことになります。

4-5 まとめ

　本章ではテキストを入力としてテキストを出力する系列変換タスクについて学びました。深層学習の登場により、系列変換タスクは大きく発展を遂げています。事前学習モデルを使用することにより、必ずしも大規模データを用意しなくても流暢なテキストを生成することができるようになり、今後もますます進歩していくことでしょう。

　系列変換タスク全般について詳しく解説した和書はほとんどありませんが、対話に関する本は多数出版されています。特に『Pythonでつくる対話システム』（オーム社, 2020）は深層学習時代の対話システムの作り方が紹介されていて、対話システムの作り方が独習できる優れた本です。

練習問題

1. 本章で取り上げた以外の系列変換タスクを挙げて、言語・意味・長さの観点から分類してください。

2. 「統計的機械翻訳は系列変換タスクではない」は真でしょうか？

3. 深層学習による系列変換タスクの成功を支えた技術革新について説明してください。

## 第 5 章

言語資源の
つくり方

本章は言語資源のつくり方についての章です。
自然言語処理を支える技術の1つは機械学習に
基づくアプローチですが、その機械学習は
データがないと何もできません。そして、その
データを処理するためのツールやライブラリも
必要です。ここでは、そのデータをいかに、ど
うつくるか、そしてデータを用いてどのように
システムを構築していくか、ということを解説
していきます。

　まず、1-3で説明したように言語資源は大きく分けて**辞書とコーパス**の2つがあります。復習すると、ここでは辞書とはなんらかの単語のリストが電子的にアクセスできるようになっているもののことを言います。コーパスとは言語の分析のために編纂されたテキストデータのことです。データにはテキストのみが格納されている場合もあれば、テキストに対して言語分析のためのメタデータが付与されている場合もあります。機械学習を用いた手法を適用する場合、このメタデータ（**ラベル**（label）もしくは**タグ**（tag）とも呼ばれます）を用いてモデルを訓練し、自動でメタデータを付与する分類器を作成することになります。

　データセットとして質の高い辞書とコーパスの両方が手元にある場合、9割仕事は終わったようなものです（インターン生を呼んで数週間で成果を出してもらおうというような場合、ここまでは呼ぶ側がやっておかなければいけないことです）。質の高い辞書はあるがコーパスがない場合、評価を含めて全体の仕事は半分くらい残っている感じです。逆に質の高いコーパスはあるが辞書がない場合（質の高いコーパスを作るには、途中でコーパス以外の言語資源も整備しながら作らないとなかなかうまくいかないため、レアケース）、とりあえず動くものを作るのは簡単です。そして、往々にしてよくあるのが、辞書もコーパスもないので自分で用意しなければならない、という場合、あるいは、辞書またはコーパスはあるのだけど、それの質がどうなのかはわからない、という場合です。

　また、これらのデータセットを処理するツールキット（例：NLTK）やライブラリ（例：scikit-learn）、フレームワーク（例：Hugging Face）も、重要な言語資源の1つです。ツールキット、ライブラリ、フレームワークという用語は、人それぞれ使い方が違うので境界は曖昧ですが、コマンドラインから独立したコマンドとして自然言語処理タスクを解かせることができるものを**ツールキット**（toolkit）、あるプログラミング言語でそれらを実装するための（しばしば低レイヤーの）**モジュール**（module）や**パッケージ**（package）を提供するものが**ライブラリ**（library）、さまざまな抽象化のレイヤーを含めて柔軟に開発できる環境を提供するものが**フレームワーク**（framework）と呼ばれます。多くの場合、一から自然言語処理のプログラムを書く必要はなく、既存の

ツールキットやフレームワークを組み合わせたり、あるいはそれらを
ベースに少し改良することで、解析システムを構築することができま
す[1]。短期間でシステム構築がしたい場合には、ツールキットやフレー
ムワークを駆使するのは必須と言ってもよいでしょう。

　本章では、まず既存のデータセットやツールキットを入手する方法を
解説してから、自分でデータセットを作成する方法について解説しま
す。

5-1 言語資源の入手方法

　言語資源（language resource）を入手する最も簡単な方法は、すでに
公開されている**データセット**（dataset）を入手することです。日本語の
リソースであれば、言語資源協会やALAGIN言語資源・音声資源サイ
ト、国立情報学研究所の情報学研究データリポジトリが有名です。

1. 言語資源協会[2]

   コーパスや辞書だけでなく、ツールも含めて多種多様なデータを
   収集・公開しています。多くの言語資源は有償ですが、年会費を
   支払うことで年1件まで無償で取得できるリソースもたくさんあ
   り、大学の研究室のような規模の組織であれば年会費を払ったほ
   うがお得です。

2. ALAGIN言語資源・音声資源サイト[3]

   情報抽出関係のツールやデータが豊富に提供されています。一部
   のデータは3のNIIでもデータセットが公開されているので、どち
   らか入手・管理しやすいほうで取得するとよいでしょう。

3. NII情報学研究データリポジトリ[4]

---

[1] これらのツールキットを使うと、ツールキット固有のバグや不可解な挙動に悩まされ
ることもありますので、ツールキットを使うのが常に最善というわけではありません。
また、「**車輪の再発明**（reinventing the wheel）」と揶揄されることもありますが、自ら
ツールを開発するのはそれだけで楽しいものです。

[2] https://www.gsk.or.jp/

[3] https://alaginrc.nict.go.jp/

[4] https://www.nii.ac.jp/dsc/idr/datalist.html

企業からの提供データがたくさん公開されている他、NTCIR（エンティサイル）という情報検索系の国際会議で使用されている・されていたデータセットもここで配布されているので、研究でお世話になる人も多いでしょう。

　注意しなければならないのは当然のことながらライセンスで、どの組織の単位で使用が許可されているか、どの目的で使用が許可されているか、といったあたりは必ず確認すべきです。

　ライセンスの範囲として、大雑把に言うと、大学単位・会社単位で使用許諾が出る場合と、研究室・部署単位で使用許諾が出る場合の両方があります。所属が変わった場合には、それぞれの組織で何が使えるのかを再度確認する必要があります。

　契約を締結するときには契約書を確認し、必要があれば交渉してみましょう。プロジェクトに紐づく形で契約を結ぶことで、構成員が複数の組織に渡ってもデータを使うことが可能な場合があります[*5]し、組織を移ってもライセンスを移せる場合もあります[*6]。

　公開されているデータセットやツールキットから得られた知見を用いたサービスを展開しようとしている企業の人は、特に注意してください[*7]。使用目的については、多くの言語資源は教育・研究目的に限った利用を認める、としています。最初は研究目的でスタートしたプロジェクトでも、ビジネスとして取り組むことになった場合、自社サービスで使うためには、自らデータセットを構築しなければなりません。そのとき、想定した精度を得るためにはどれくらいの規模のデータが必要で、その構築にかかる期間と費用はどの程度か、といった見積りも必要です。

[*5]　その代わりにプロジェクトの終了後には使えなくなります。

[*6]　大学でデータセットの利用を申請する場合、学生が利用申請をすることを認めていないという場合もあるので、その場合は学生は研究室の指導教員に申請してもらわなければなりません。研究室配属前や、配属された研究室とは関係なく研究したい場合は、申請できない気もしますが……。

[*7]　例えば、Stanford Parser は解析のプログラム自体は GPL ですが、英語の解析に必要なモデルは商業利用する場合は商業ライセンスを契約する必要があります。同じく Stanford NLP から公開されている Stanza は、言語ごとにモデルのライセンスが異なります。

　また、英語も含めた言語資源の配布サイトとしては**LDC**（Linguistic Data Consortium）が世界最大規模です。LDCはmembership yearといって、年ごとに会員費がかかるのですが、言語資源を購入する場合に、会員価格と非会員価格があります。その年の会費を払うと、その年に公開されている（多くの場合、数十の）データにアクセスする権利を得ます。一方、まだメンバーになっていなかった年のデータを年会費価格で得ることはできません。その場合、データは非会員価格を支払って購入します。ほとんどの場合は（例えば論文で使われている有名な）過去の年のデータが欲しい場合に該当しますので、非会員価格を払って購入する必要があります[*8]。

　Webサイトを**クローリング**（crawling；Webを巡回してデータを収集する作業）したり**スクレイピング**（scraping；収集したデータから必要な情報を抽出する作業）したりすることで、コーパスを構築する、ということもよくあります。この場合に気を付けるべきは技術的な問題、法律的な問題および道義的な問題です。

　技術的な問題として、クローリング時にサーバにかかる負荷に気を付ける必要があります。あまりに頻繁にアクセスするとネットワークの帯域に負荷をかけますし、**ディープWeb**（Deep Web）と呼ばれるようにサイトの裏側にあるデータベースにアクセスして得られたデータを表示している場合、データベースアクセスにかかる負荷もあります[*9]。また、アクセス時のパラメータは違うが同じデータが表示される場合もあり、重複を防ぎつつ適切にクロールする必要があります。もちろん、robots.txtでアクセス制限がかけられている場合は、アクセス制限の内容に従いましょう。一方、スクレイピングも一筋縄ではいかない処理で、複数のサイトからデータを集めていて取得できる情報が違う問題、1つのサイトでもデータが作られた時期によって取得できる情報が異なる問題、取得された情報の正規化や特殊文字のエスケープ処理など、前処理・後処理にも注意が必要です。

　法律的な問題として留意すべきは、著作権法をはじめとした法律に

[*8] LDCは法人ごとにライセンスが管理されているので、同一法人内の別組織であっても、契約した言語資源を入手・使用することができます。

[*9] 一般的には1アクセスごとに15秒程度のスリープを入れます。

則ってデータを利用することです。法律は各国ごとに異なりますが、日本の現行の著作権法では、情報解析を目的とする場合、著作権者の同意がなくてもクローリングすることができます。

　有名どころのサイトのデータを取得する場合は、サイトが負荷軽減のためにデータベースのダンプを提供している場合があります。以下はサイトが公開しているデータの一例です。

1. Wikipedia：https://dumps.wikimedia.org/
2. arXiv：https://arxiv.org/help/bulk_data_s3
3. Stack Overflow：https://data.stackexchange.com/
4. Common Crawl：https://commoncrawl.org/
5. Project Gutenberg：https://github.com/pgcorpus/gutenberg

5-2　言語資源構築のデザイン：継続的な品質管理

言語資源のラベル付けのベストプラクティスは次のような手順です。

1. データの一部を取り出し、仕様書に基づいて複数人で**独立に**ラベル付けする。
2. ラベル付けされた結果を持ち寄って、ラベル付けされた結果が一致しない点について**事例を見ながら議論し、仕様書を修正する**。
3. 仕様書の修正がなくなったら、終了。修正がある場合は、1. に戻って繰り返す。

　言語資源作成のフローを図5.1に示しました。これらのステップは1-5の開発サイクルと同様、何回もぐるぐると回すことで言語資源を構築します。特に開発の初期から大きなデータに対してラベル付けを行ったりせず、小規模なデータからスタートして問題点を洗い出しながら高速にサイクルを回す、という方法で進めましょう。

　また、複数の組織を跨いで活用される大きな言語資源を作成する場合は、定期的なタイミングで構築途中のデータの**スナップショット**（snapshot）を「パイロット版」のような形で共有することもあります。

それぞれの段階で実際に使ってもらってフィードバックを受けると、致命的なミスに気がつくことができ、せっかく作ったのに使われない、という事態を避けることができます。一度作ったら終わりではない、という意識を持つことも大事です。

　以下でそれぞれのステップについて説明します。

図5.1 言語資源作成のフロー

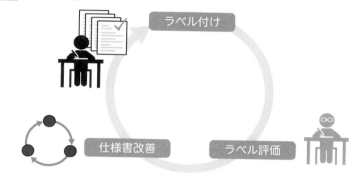

■ 仕様

　辞書やコーパスをつくるに当たって、まず決めなければならないのはその**仕様**（specification）です。辞書であれば、単語リストだけでよいのか、それともカテゴリの情報が必要なのか、あるいは読みの情報も必要なのか、などなど。コーパスであれば、文単位のラベル付けでよいのか、それとも文の中の単語（列）までラベル付けしたほうがよいのか、などなど。最終的なゴールから逆算して、どういう情報が必要であるのか、ということを、それが現実的な精度でラベル付け可能であるか、というバランスを考慮しつつ、決める必要があります。仕様書が大体固まったら、その仕様書に基づいて残りのデータにラベルをつけていく、という作業です。

　このプロセスで大事な点は、仕様について複数人で議論する、というプロセスを何回も回す、ということです。開発で（将来的には捨てる）プロトタイプを作るのと同じで、最終的な辞書またはコーパスを作る前に、何回も見直す（最初のラベルは捨てる）前提で予備的にラベル付けを行う、というのがポイントです。

この作業を理解せず、1回データを見てラベル付けしただけでデータが作れた気になる、という人が多いのですが、見直しをせずに作られたデータは全体の**一貫性**（consistency）が低く、長い間使う言語資源としては適切ではありません。1人の人がデータ作成にかかわったとしても、ラベル付けの前半で考えていたことと、いろいろ事例を見て後半で考えていることは変わり得ますし、同一人物でも時間を置いて同じ事例を見るとラベル付けが変わることがあることまで知られています。

■ ツール

仕様の他に意識すべき点として、どのようなツールで作成するか、ということがあります。単純には、Microsoft Excel や Google Sheets（Google スプレッドシート）のような表計算ツールを使うことが考えられます。表計算ツールの扱いに慣れている場合は、これが最も手軽でしょう。辞書作成の場合には、大規模なデータベースでなければ表計算ツールで十分なことも多いです。

コーパス作成は、辞書作成と違って、Excel や Google スプレッドシートではラベル付けがしにくい場合があります。表計算ツールでも、文を単語分割し、単語ごとに1行として、ラベルの情報を格納するカラムを追加する、という形で扱うことが可能ですが、単語分割の誤りも合わせて修正したい場合に処理が面倒になる、といったようなケースもあります。

そういう場合にはコーパスのラベル付け専用のツールを使いましょう。よく使われているのは brat[10] と呼ばれるツールです[11]。図5.2 は brat でのアノテーション例のスクリーンショットです。これはスマート AI スピーカーに向かって指示をするような場面での多言語テキストに対して、それぞれの意図（インテント）に対するスロットの要素（datetime や reference といったラベル）をラベル付けしています。

---

[10] https://brat.nlplab.org/

[11] ただし、現在公開されている v1.3 は Python 2系列でしか動かず、Python 3系列で使う場合は GitHub から最新バージョンを取得する必要があります。また、v1.3 は Mac の Firefox で動くのですが、最新ブランチは動かないようです。ブラウザ依存が強いのも、アノテーションツールの特徴ですが……。

図5.2 bratのスクリーンショット

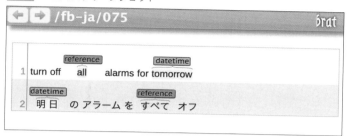

このツールは、入力の一部（**スパン**）を選択してラベル付けをすることや、選択した範囲同士の関係をラベル付けすることができます。前者の機能を用いれば、固有表現認識のためのデータを作成することができます。後者の機能を用いれば、述語項構造解析のためのデータを作成することができます（ただし、実践的な開発のほとんどのケースでは、このようなラベル付けをする機会はないと思います）。

この他にも WebAnno[*12] やその後継の INCEpTION[*13] といったアノテーションツールもあり、それぞれチュートリアルが充実しているので、すぐに使い始めることができるでしょう。複数人のラベル付けの進捗状況を管理したり、ラベル付けの一致率を自動で計算したりする機能もありますので、自分の環境で使いやすいツールを選択しましょう[*14]。

■ 品質管理

ラベル付けが一致しない点については自動的に列挙して**定性的**（qualitative）に議論する、という手順をとることが多いですが、**定量的**（quantitative）に議論することも可能です。定量的な評価に使われる尺度を次に見ましょう。

---

* 12 https://webanno.github.io/webanno/

* 13 https://inception-project.github.io/

* 14 ラベル付け自体に必要な操作は時代によらずほとんど変わらないので、リリース後にアクティブにメンテナンスされなくなることが多いのですが、GUIが充実しているツールの常として、ライブラリやフレームワークが頻繁に更新され、数年もしたら動かなくなってしまう、ということもよくありますので、見栄え重視でツールを選ぶのはあまりおすすめしません（アノテーションを確認するために、特定の仮想環境を持っておかないと見られない、という状況になることがあります）。

辞書やコーパスの品質を測るときによく行われるのが、**一致率**（agreement）の測定です。例えば、**アノテータ間一致率**（inter-annotator agreement）というのは、複数の作業者で同じデータに対してラベル付けを行い、そのラベルがどれくらい一致するのか、ということを測ったものです。これが高ければ品質が高く、これが低ければ品質が低い、というものです。

自然言語処理分野で広く使われる一致率の測定方法は、**Kappa 係数**（Kappa coefficient）と呼ばれるものです。Kappa 係数を用いれば、単に複数の作業者でどれくらい一致しているかを見るだけではなく、たまたま一致している割合を考慮することで、作業者間のブレを補正することができます。

2人で作業した場合の Kappa 係数は、Cohen の Kappa と呼ばれます[*15]。Cohen の Kappa は次の式で計算します。

$$\kappa = \frac{p_o - p_e}{1 - p_e}$$

ここで p_o は実際に一致している評価の割合で、p_e は偶然に一致している評価の割合です。具体的には k 個のカテゴリからなる場合、全体のデータが N 個とし、n_{k1} を1番目の作業者が k と判断した個数とすると、次のような式になります。

$$p_e = \frac{1}{N^2} \sum_k n_{k1} n_{k2}$$

Kappa の値の解釈には諸説ありますが、自然言語処理分野でよく参照されるのは Landis and Koch（1977）で、次のように言われています。

1. $\kappa < 0$：不一致（Poor）
2. $0 \leq \kappa \leq 0.20$：少し一致（Slight）
3. $0.20 < \kappa \leq 0.40$：普通の一致（Fair）
4. $0.40 < \kappa \leq 0.60$：かなり一致（Moderate）
5. $0.60 < \kappa \leq 0.80$：すごく一致（Substantial）
6. $0.80 < \kappa \leq 1$：ほぼ一致（Almost Perfect）

[*15] 3人以上のときは Fleiss の Kappa を使います。

　実際のところ0.8以上の一致率が出ることは稀で、0.8以上出るとすると本当に2人のラベル付けがほぼ一致している場合になります。現実的な自然言語処理のラベル付けだと、0.2から0.8の間になることが多く、タスクそのものが難しくて低い一致率になっているのか、それともタスクはそこまで難しくないのに仕様やツールのせいで低い一致率になっているのか、ということが問題になります。研究目的であれば、前者のようにタスクそのものが難しくて一致しないのは許容範囲（タスク自身の複雑さ自体も研究の対象）です。開発目的であれば、一致率は可能な限り上げる努力をすべきですが、見かけの一致率を上げるために問題を簡単にしても、最終的なアプリケーションで必要なラベル設計になってないと意味がありません（例えば3-2で紹介したように、どのような基準で単語分割すればいいかも目的によって異なります）。

　一致率を測定するためには、複数人でラベル付けをする必要があります。つまり、複数人の間で、どのようにラベル付けをするか、ということに関して合意がある、ということが必要です。逆に言うと、仕様は自分の頭の中にある、だから自分がラベル付けしたものは100％正解、というような主観的なラベル付けは許されない、ということです。

■ アノテーションの外注

　自らの組織内でアノテーションを行うことが難しい場合、アノテーション作業を外注することも考えられます[16]。タスク仕様に基づくガイドラインの作成もある程度代行してくれる場合もあります。会社ごとにさまざまな言語アノテーションのスペシャリストを揃えていて、言語処理学会や人工知能学会などの学会にも参加している場合もあるので、困っていたら学会に参加して話してみるとよいかもしれません。

　近年はインターネット経由でタスクを依頼して作業に従事してもらう**クラウドソーシング**の活用も盛んになっています。言語データをクラウドソーシングで作成する場合は、それぞれのクラウドソーシングサイトに合ったような発注の仕方をする必要があります。タスクを受注する

---

[16]　例えば、株式会社アイアール・アルトや株式会社バオバブといった企業が自然言語処理に関するアノテーションを請け負っています。

ユーザが必ずしも自然言語処理の専門家ではなく、綿密なやりとりができない場合もあるので、タスク仕様の設計に一工夫が必要なこともあります。

　高度なアノテーションや試行錯誤が必要な実験的なタスクはクラウドソーシングは向きませんが、やることがある程度切り出せる場合、クラウドソーシングは早く安くアノテーションを行うことができるので、広く使われています。世界的には Amazon Mechanical Turk[17] が使われています。ちゃんとタスクをやらないスパマーも多いので、利用する場合には注意が必要です。答えがわかっている問題をときどき混ぜておいて、ちゃんと回答できるか、ということをチェックしたり[18]、タスクの承認率が高い人にしか依頼しない、というオプションを選んだりする、といったノウハウがあります。日本では、Yahoo! クラウドソーシング[19]やランサーズ[20]といったサイトがよく使われています。

5-3 辞書作成

5-3-1 仕様

　ここでは代表的な種類の辞書の1つである形態素解析の辞書について取り上げます。形態素解析の辞書を作成する場合に重要なのは、どのような単位でエントリーを作成するか、という点と、そのエントリーに対してどのような情報を付加するか、という点です。逆に言うと、これらをプロジェクトの規模に応じて適切に管理できるのであれば、ツールはあまり問わない、ということです。

　一番問題が起きやすいのはエントリーの作成の部分です。どのような粒度の単位をエントリーとして認めるか、ということを適切に設計する

---

[17] https://www.mturk.com/

[18] 最初は真面目にやっているふりをして信用させ、途中からランダムにつけたり、全部最初の選択肢を選んで、仕事をしないでお金をもらおうとするのです。

[19] 5chにスレッドが立っていて、タスク依頼についての話題が議論されていたりします。

[20] https://www.lancers.jp/

必要があります。3-2で述べた国語研の短単位・中単位・長単位のように、目的に応じて複数の単位を認定する場合もあるでしょうし、アプリケーションによっては新語や固有名詞を追加して特定のドメインでの解析精度を上げたい、という場合もあるでしょう。

　次に気をつけるのは付加する情報です。キーとなる単語のエントリーそのものである**表層形**（surface form）と**品詞**（part-of-speech；略称としてPOSとも書かれる、複数形は parts-of-speech）が最小限必要な情報になります。形態素解析の目的が単語分割であれば、単語境界の情報さえあればよいので、品詞以外の情報を特につけなくてもよい場合があります。また、単語分割に採用する手法によっては、品詞の情報すら必要ないかもしれません。一方、**音声合成**（TTS：text-to-speech）を目的とするのであれば、単語の読み（発音）の情報も必要です。Webから新語エントリーを大量に取得する場合、読みの情報がついていないことがあるので、この場合は読みも推定する、あるいは人手で付与する必要があります。

5-3-2 | ツール

　エントリーとして必要な情報が固まっていれば、あとはツールで管理するだけです。ExcelやGoogleスプレッドシートであれば、それぞれの情報をカラムに分けて登録・管理します。

　大規模なシステムにする場合はMicrosoft AccessやSQL Serverのようなデータベース管理ソフトウェアで管理することもあります。関係データベースのような複雑な構造を辞書登録作業者が意識しつつ作業することが難しい場合は、フロントエンドの部分だけをMicrosoft Accessで作成する、といったように、適材適所で組み合わせて使うこともあります。

5-3-3 | 品質管理

　辞書作成はエントリーを登録するだけでは終わりません。というのも、登録したエントリーが正しく解析できているか、ということを確認

する必要があるのです。

　例えば、3-2で紹介したようなMeCabの辞書を管理・更新したい場合ですと、システム辞書またはユーザ辞書に新しく作成したエントリーを追加し、必要があればMeCabのシステム辞書を再訓練し、新しく作成したエントリーが含まれる文を入力して正しく解析されるかを見るのです。

　言語処理システムを作るとき、解析したときに出たエラーに基づいて辞書に登録する、ということが往々にしてありますが。そこでどのようなエラーがあってそのエントリーが登録された、といったような記録を残しておくと、あとあと役に立つことがあります。単体テストの形で残さないにしても、メモとして保存しておくとよいでしょう。

5-4 コーパス作成

5-4-1 仕様

　コーパスに対してなんらかのラベルをつける場合に、まず考えるべきは仕様です。そして、仕様を詰めるのと同様に気にしなくてはいけないのはどのようにデータを集めたか、ということです。

　例えば、リビュー分類システムを作りたいから社内にずっと蓄積されているリビュー記事を用いる、という場合には、そのままその記事を使えばよいでしょう。手元にデータがないなら、Webサイトからスクレイピングしたデータを用いたり、あるいはWeb APIを用いて対象にしたいカテゴリを絞って取得したデータを用いたり、あるいは抽出したい商品名をキーワード検索して得られたデータに対しラベルをつける、といった形でラベル付けをします。あるいは、生成AIが普及している現在では、ChatGPTのような大規模言語モデルで文章を生成させる、といったやり方もあり得ます[*21]。

　手元に最初からある文書全体からランダムサンプリングする、という

[*21] 大規模言語モデルを用いてテキストを生成させる場合、その言語モデルの利用規約にご注意ください。出力を商用利用してはいけない、というような利用規約になっていることもあります。

のが、データ全体に対して最もバイアスがかからない選択手法です。こ
のようにすると、実際に登場するすべての文書に対して適用することの
できる分類器を構築することができ、体感精度と同じような性能を評価
することができる、ということが利点です。

　一方、対象としたいジャンルが決まっている場合、キーワードマッチ
によるデータ取得と異なり、ほとんどの文書は欲しい商品と関係ない記
事です。すべてのデータにラベル付けする意味がなく、人手で見るコス
トがかかります。さらに、あまりに無関係な文が多すぎると、関連する
文を見つけることが異常検知のように困難なタスクとなってしまい、ラ
ベル付け自体が困難になる可能性もあります。

　また、ランダムサンプリングはデータ全体を見るためには優れた方法
ですが、サービスが長期間提供されている場合、サービス開始直後に投
稿された記事と、直近に投稿されている記事で傾向が変わっている可能
性がある、という点に気を付ける必要があります。新商品に対するリ
ビュー記事を対象にしたい場合、最近投稿されたリビュー記事から抽出
したほうが、このようなバイアスの影響を減らすことができます[22]。

　キーワードベースで文書を選択する利点は、ラベル付けしたいタスク
に合わせたキーワードを用いることで、ラベル付けの効率を上げること
ができ、精度（適合率）の高い分類器を構築することができることです。
人手で見ることのできるデータ数は限られているため、現実的にはこの
選択肢しかとれない場合も多いです。

　ただし、キーワードベースでデータを収集する欠点は、適切なキー
ワードを自分で考えなければならないことと、キーワードにマッチしな
いデータにラベル付けすることができないため、データのカバー率が低
く、分類器の再現率も低くなることです。分類器の精度を測るときラベ
ル付けしたデータだけを使って評価していると、体感的な精度と乖離し
てしまう、といった問題もあります。

　そのため、実際にはこの「ランダムサンプリング」と「キーワード検

---

[22] IBM Watsonが質問応答の精度を大きく向上させたのは、訓練に使うことのできるデータ全体を使うのをやめて、新しいデータだけを使うようにしたことである、という逸話があります。途中からデータの傾向が変わったので、最終的なテスト時のデータに近い訓練データを使ったほうがよい、ということです。

索」の間の適当なところでデータを収集する、というあたりが妥協点です。まずはキーワード検索で適合率の高い分類器を作成し、その後用いるキーワードを増やしたり、あるいは（カテゴリを絞って）ランダムサンプリングした事例を加えてより現実的な設定に近づける、といったような方針です[23]。キーワード検索からスタートする利点は、類似した文を大量に見ることで判断がしやすく、ラベル付けの質を確保することができるので、ある意味で分類器の性能の上限を知ることができる、ということです。

図5.3 テキストとアノテーションタスクの例

　データの入手方法を確認したのち、仕様として決めるべきことは、2-2で解説したような多クラスにラベル付けする（1つのラベルに決める）か、あるいは多ラベルでラベル付けする（当てはまるラベルをすべて選択する）か、です[24]。

　ラベル数が十を超えると作業者間の熟達具合でラベル付与にばらつきが出るので、一般的には多クラスでラベル付けをしたほうがよいです。ただし、**主観的**（subjective）なラベル付けをするタスクで、本質的に人によって複数のラベルが考えられる場合、あえて多ラベルにしておい

---

[23] このように、少数の事例から、少しずつ事例を増やしていくような処理のことを、**ブートストラッピング**（bootstrapping）と呼びます。統計学でもブートストラッピングという用語を使いますが、自然言語処理では違う意味で使われます。ちなみに、OSの起動の処理やコンパイラの構築もブートストラッピングと呼ばれます。

[24] 2値分類問題でも、曖昧な場合はマルバツ両方チェックする、というような多ラベル問題としてラベル付けすることも可能です。

て（例えばクラウドソーシングで）作業者の数を増やす、というような解決策も考えられます。

5-4-2 | ツール

　仕様が決まったら、次はどのようなツールでラベル付けするかの検討です。簡単なタスクの場合はExcelやGoogleスプレッドシートでも簡便なラベル付けが可能です。リビュー記事全体のような長い文書の場合は表示スペースが限られるためラベル付けしにくいですが、マイクロブログのポストのような短い文書であれば文書単位でもなんとかラベル付けできるかもしれません[*25]。前述したようなbratやdoccanoのように専用のツールを使うほうが作業はしやすいです。

　確認するべきポイントは次のとおりです。

1. ラベル付けの仕様：文書・文単位でラベルをつけるか、テキストのスパンに対してもラベルをつけられるか、あるいはスパン同士の関係にもラベルをつけたいか、などなど
2. データベースの仕様：データがエクスポートできない場合、ツールにロックインされる可能性がある（テキストやJSON形式でエクスポートできる場合、ツールが動かない場合は変換することができる）
3. 動作に必要なシステム：ブラウザの中で動くツールか、アプリケーションの形で動くツールか（前者のほうがOSに依存せずに動くが、ブラウザのバージョン依存で後日動かなくなる可能性がある[*26]）
4. システムの可搬性：スタンドアロンの動作が想定されていて、アノテーションツールだけで動くか、あるいはサーバ・クライアントで動作することが想定されているか（複数人で作業する場合、後

[*25] 大きな画面の環境では問題ないからといって、ラベル付けをする人は小さい画面で作業していて、ラベルが見えなかったり何度も画面をスクロールしなくてはならなかったりして、使いづらい場合もあります。

[*26] セキュリティ対策のために古いバージョンがダウンロードできなくなったりして、困ることがあります。FlashもInternet Explorerも、なくなってしまった……。

者のほうが便利だが、管理の手間がかかり、かつ時間が経つと動
作させるのも大変)

　また、ラベル付けをしているときにどれくらい外部のツールを使うこ
とを許容するか、あるいは強制するか、といったことも、事前に決めて
おくとよいです。というのも、ラベル付けに悩んだときにブラウザを開
いてWeb検索して調べて慎重にラベル付けする人と、あまり悩まず直
感でラベルをつける人がいると、それぞれの人の作成するデータには品
質に大きな違いが生まれるからです。

　すべての人にラベル付けのときはWeb検索はしないでつけてほしい、
というような指示を与えることも可能ですし、逆に不明な点は調べてつ
けてほしい、というような指示を出すこともあり得ます。あるいは、
Web検索だと人によってどの情報源を参照するかをコントロールする
ことが困難なので、この辞書だけ見てよい、あるいはWikipediaだけ参
照してよい、というように制御することもあります。

5-4-3 品質管理

　ラベル付けされたデータがある程度溜まったら、訓練・開発・テスト
に分けて分類器を作成し、動かしてみます。訓練データと開発データで
ちゃんとロスが下がっているかを確認し、下がっていない場合はモデル
の出力したラベルを確認します。この段階で、ラベル付けの間違いに気
がつくこともありますし、収集したデータの不足に気がつくこともあり
ます。前者の場合は仕様やマニュアルの更新が必要なこともあります。

　ある程度仕様が固まったら、複数人の作業者で独立にラベル付けし
て、一致率を測ります。それにより、タスクの難しさがわかります。あ
まりに難しいラベル付けの場合は、タスク自体を再設計する必要もあり
えます。また、人間が行った場合の上限の性能もわかるので、ビジネス
として成立するレベルのタスクかどうか、ということも判断できます。
第4章で述べたように、言語生成問題は出力に多様性が必要な場合もあ
り、一致率が高いのがよいとも限らないので、評価が難しく、研究のフ
ロンティアになっています。

そこそこの一致率が得られた場合、訓練データの分量を調整して**学習曲線**も描いてみます。どれくらいの訓練データを準備すればどの程度の性能が得られそう、という見積もりができるので、その後の開発計画やコストの見積もりが立てやすくなります。

5-5 ツールキット作成

5-5-1 仕様

自然言語処理システムを構築するためのパーツとなるツールは低レイヤーの基盤技術を実現するツールから、エンドツーエンドのシステムまで、いろいろな粒度のツールがあり得ます。代表的なのは次のような粒度です。

1. ライブラリ・フレームワーク：他の自然言語処理ツールを作成するための、ライブラリやフレームワーク群です。必ずしも自然言語処理に特化しておらず、いろいろな機械学習アルゴリズムをサポートしている場合があります。
2. 基盤ツール：文分割・単語分割、形態素解析や構文解析や意味解析といった要素技術を提供するツール群です。複数の言語をサポートしている場合も、複数のタスクをパイプラインでサポートしている場合もあります。
3. 解析システム：機械翻訳や文書要約などの応用アプリケーションを提供するシステム群です。モデル込みで配布されていることも、手元のデータで訓練する方法も公開されていることもあります。

■ ライブラリ・フレームワーク

ライブラリやフレームワークを設計するとき意識すべきは、私見ではAPIの設計とプロジェクトのライフサイクルです。

APIに関しては、APIを提供するライブラリやフレームワークを使う開発者（ユーザ）は、場合によっては中身はブラックボックスとして使うので、何を外に見せるべきか、何を外から操作できるようにするか、

ということを意識して設計しましょう。APIを提供する開発者として
は、必要なドキュメントを書き、可能な限り他の人が自然に使えるよう
にしましょう。APIとしてやりたいことがサポートされていないので、
結局ソースコードを見て中に手を入れないといけない、ということもよ
くあります。また、オープンソースソフトウェアでない場合は、ユーザ
としての開発者は手も足も出ないので、断念せざるを得ない、というこ
ともあります[*27]。

　プロジェクトのライフサイクルに関しては、ライブラリやフレーム
ワークは他のツールに組み込んで使われるものであるという性格のソフ
トウェアなので、枯れたライブラリやフレームワークならよいのです
が、枯れていない場合はメンテナンスが止まってしまうと下流のツール
も影響を受けてしまう、という問題があります。ツールの開発側として
はできる限り安定版・正式リリース（長期サポート）版のフレームワー
クを使う、といった方針である程度開発への影響を減らすことができま
すが、複数バージョンのブランチを維持するのはソフトウェアの開発者
側には負担なので、バランスが難しいことがあります。

■ 基盤ツール

　基盤ツールには、解析精度もさることながら、動作の高速さや結果の
安定性も求められます。Webテキストのような大量のデータを処理す
る場合、1回1回の解析に時間がかかると、積み重なって長時間かかっ
てしまうのです[*28]。

　例えば、データは基本的にテキスト形式で読み書きできるようにし
て、標準入出力経由で操作できるようにしておくと、コマンドラインか

[*27] 古いバージョンではサポートされていなかったので、自分でいろいろ拡張して書いて
いたのが、新しいバージョンでは公式にサポートされていて、簡潔に記述できるよう
になったりすることもあります。シンプルになって嬉しい反面、自分が書いたものを
新しいバージョンの書き方に修正していると、複雑な気持ちになることもあります。
可能な限り、何か改善したらプロジェクト本体の開発者に連絡して、取り込んでも
らったりすることをおすすめします。

[*28] 解析するときスクリプトで1文ごとにツールを起動したくなることがありますが、あ
まりに頻繁だとプログラムを起動 (exec) する時間がかかります。標準入出力を介して
データをやり取りするようにしてツールを立ち上げっぱなしにしたり、ライブラリ経
由で処理したりするようにすれば、効率が改善されます。

ら起動してパイプで処理させることで、フィルタのように動作させることができます。また、1つのツールでいろんなことをさせるのではなく、それぞれのツールは1つのことをするようにして、それを組み合わせられるようにすると、ミニマルなツールで多くのことができるようになります[*29]。

　現在はテキストファイルでやりとりするよりはJSON形式でやりとりするほうが一般的でしょうし、コマンドラインで起動するようなツールを書くことはそんなに多くないかもしれません。しかし、可能な限り言語に依存するような部分を排除したようなツールを設計する（言語に依存する部分はツール側ではなくデータ側に任せる）、効率よりも移植しやすさを優先する、といった方針は、自然言語処理のツール・ライブラリの設計をするときには念頭に置くとよいでしょう。

■ 解析システム

　自然言語処理システムを構築するとなると、さまざまなツールを組み合わせて全体のシステムをデザインすることも多くなります。近年は深層学習により**エンドツーエンド**（end-to-end；自然言語処理システムのパイプラインをそれぞれのコンポーネントに分解せず、全体を一気に扱うアプローチ）でシステムを訓練することも増えてきましたが、本質的に複雑なタスクである場合は問題を分割したほうが見通しがよくなる場合が多いです。

　特に気をつけるべきは**前処理**（pre-process）・**後処理**（post-process）の部分です。中のアルゴリズムの改善よりも前処理・後処理の仕方の違いで最終的な性能が大きく異なる、ということも往々にしてあり、前処理・後処理は柔軟にできるように設計したほうが使いやすくなります。

　また、エンドツーエンドの設計と逆行しますが、それぞれのモジュールが**疎結合**（loose coupling）、つまり互いの独立性が高くなっていればなっているほど、モジュールごとに最適化したり、分析・改善したりすることがしやすくなるので、大きなシステムであればあるほど、疎結合

[*29] このような考え方は「Unix哲学」として知られています。興味のある人は、『UNIXという考え方』（オーム社, 2001）という本をお読みください。

にすることを意識して設計したほうがよいです[*30]。最終的なタスクの性能をほんの0.1ポイント上げるために、全体を密結合（tight coupling）にして最適化すると、システム全体のメンテナンスコストが無闇に上がってしまうのです。

5-5-2 | 背景技術

自然言語処理のソフトウェアを作成するときには、どのような要求があるソフトウェアなのか、どれくらいの期間使われることが想定されているのか、といったさまざまな要因によって、どのように実装するのが最適かが変わってきます。

例えば、何百万回も呼ばれるライブラリ・ツールであれば、少ないメモリで高速に動作することが要求されるので、C++やRustで書こう、ということになるでしょう。逆にProof of Concept（PoC；あるアイデア、理論、または原理が実現可能であることを示すための実証または実験のこと）でよいのでさっと作りたい、ということであればライブラリが充実しているPythonで書くほうがよいでしょう。どれくらいの人が潜在的に開発にかかわる可能性があるのか、ということも、プログラミング言語やライブラリの選択にかかわってきます。

筆者は2009年に「自然言語処理はPythonがいちばん」というブログのエントリ[*31]を書きました。そのときすでにNumPy/SciPyといった数値計算用のライブラリがPythonに整備されていて、それらを使って研究用のコードを書けば、アルゴリズムで高速に動いてほしい部分はNumPy/SciPy経由でFortranによって書かれたBLAS/LAPACKを呼んで計算すればよいので、Pythonで効率よく開発することができる、ということを紹介しました。その後、scikit-learnが普及して、機械学習アルゴリズムの多くは自分で実装しなくても同じインタフェースで呼ぶことができるようになったので、使いやすいライブラリがある、とい

[*30] 小さいシステムの場合は密結合でもそんなに問題はありませんし、エンドツーエンドで最終タスクの性能を上げるために全体を最適化できる利点が上回るので、必ずしも疎結合にするのが常に最善というわけではありません。

[*31] https://komachi.hatenablog.com/entry/20090327/p1

うことはプログラミング言語の選択に大きく影響を与えるものだ、と考えています。現在はPyTorch経由で深層学習の重たい処理の部分はGPUに任せることができるので、適材適所で使えばよいと思っています[*32]。

　一方、深層学習時代に注意すべき点は開発のサイクルです。日進月歩で技術が陳腐化してしまうために、作成したツールが不幸にも特定のバージョンのライブラリ（場合によってはハードウェア）に依存してしまうこともあります。ひと昔前であれば、VMwareやVirtualBoxのような仮想環境内に仮想マシンを構築し、動作する環境を維持したりしていました。しかし、最近は多くの人がDockerのようなコンテナ型の仮想化によって実験環境を維持しています。こちらであれば、手軽に環境を維持することができるので、おすすめです[*33]。Python限定であれば、poetryやpipenvのようにPythonの中で閉じた環境で、バージョンを固定することも可能ですが、ドライバのバージョンのような部分が微妙に違っていて謎のエラーが起きたりすることもあるので、手軽さとのトレードオフがあります。

[*32] Gentoo Linuxのパッケージ管理システムのPortageというシステムは、古くからPythonで書かれていました。Portageシステムのメーリングリストでは、Pythonだから遅いんだ、C++で書き直さないか、というような提案が周期的に起きていました。しかし、開発者はいつも「Portageの速度的なボトルネックはディスクI/Oの部分であり、C++で書き直したからといって劇的に速くなるわけではないので、開発のコストを考慮してPythonから変更する気はない」といって提案を避けていました。何がボトルネックなのかは計測すべきですが、メンテナンスする開発者（新規参入する人含む）による改良・維持のコストなど、考慮すべき要因がたくさんあります。

[*33] 筆者はLinuxやFreeBSD上でオープンソースソフトウェアの開発をしており、chrootやjailを用いたサンドボックス内でパッケージをビルドして動かす、ということをしていたので、Dockerで簡単に仮想環境が使えるのは隔世の感があります。

5-5-3 | 品質管理

　ライブラリやツールの品質を評価するのは難しいのですが、利用者としてはGitHubで公開されているようなオープンソースソフトウェアであれば、スターやフォークの数やGitHub Issuesでどのようなやり取りがされているか、ということが1つの目安になります。スターやフォークの数が多いのであれば、多くの人が使っているということですし、多くの人が使えば使うほど、潜在的な問題が明らかになる可能性が上がるからです。

　一方、使っている人が多ければ、見つかったバグや改善点のサジェストが、Issuesやプルリクエストの形で開発者にフィードバックされることがありますが、これらが放置されずにすぐに対応されているかどうか、というのも、プロジェクトが健全にメンテナンスされている、ということにつながります[34]。

　とはいうものの、多くのオープンソースのソフトウェアは、慢性的な人手不足であり、開発者にフィードバックしても反応がない、ということも多々あります。ほとんどの場合、開発者はボランティアでソースコードを公開しているので、反応がなくても責めたりせず、広い心で接してもらえると嬉しいです[35]。

　そして開発者の立場で考えるなら、開発を手伝ってくれる人はいつでもウェルカムし、早めにリスポンスを返すことを心がけるとよいでしょう。ユーザの立場からすると、自分の提案が受け入れられなくても、なんらかの反応がある、ということはコミュニティとして機能していることを意味し、信頼性が上がります。ある程度貢献してくれそうな人はどんどんチームに入ってもらう、ということもよいと思います。

---

[34] 継続的にメンテナンスされていることを求めるなら、商用ソフトウェアに軍配が上がります。保守のコストも考慮してどのようなツールをどう組み合わせて使うかを検討しましょう。オープンソースソフトウェアはオープンソースなので、自分で引き取ってメンテナンスすることも可能です。

[35] 学生時代、Gentoo Linuxのコア開発者をしていて、多くのソフトウェアの管理責任者が連絡しても返事をすぐくれない、というのを不満に思っていると、オープンソースソフトウェア開発に親切に迎えてくださった宮原徹さんから「みんな仕事をしながらボランティアでやっているのだから、そういうふうに接してはいけないよ」と諭されて、ハッと気づいたことがありました。

5−6 演習：フレーズ分類ラベルアノテーション

フレーズに対して評価極性をラベル付けします。入力としてリビュー文書の中から抽出されたフレーズを与え、出力として文書の筆者が、対象を肯定的に評価しているか否定的に評価しているかどうかのラベルをつける、というタスクとします。このようなデータを用いて、機械学習によって分類器を作成することで、例えば商品に対して肯定的なリビューの中でも、どのフレーズが具体的に褒めている表現なのかを抽出することができます。

5−6−1 仕様

今回は肯定的な意見（ポジティブ）、否定的な意見（ネガティブ）、それ以外（ニュートラル）、という3値の多クラスのラベル付けとします。5値（very positive, positive, neutral, negative, very negative）にしたり、もっと細かくつけたりすることも可能ですが、あまり細かくしても結局人間は飛び飛びの値しか付けなかったり、あるいは両極端のラベルは選択されにくい、というようなバイアスがあることが知られています。問題の難しさに合わせて適切な粒度を選択しましょう[36]。

5−6−2 ツール

今回は単純な分類タスクであり、かつ単語やフレーズを選択してラベル付けしたりする必要がないので、スプレッドシートでやるのが一番手軽です。図5.4はExcelを用いたラベル付けのスクリーンショットです。最低限の情報として次のものを表示しています。

---

[36] 粒度を細かくすれば細かくするほどラベル付けのばらつきが大きくなります。一方、微妙なケースでは判断しやすくなることもあるので、どちらがよいかということを事前に決めるのは困難です。5-2-1で紹介したように、少量のデータで予備的なラベル付けを何周かして、少ないラベル数から増やしていく、という順番で、適切な粒度を決めます。

1. フレーズID
2. カテゴリ
3. 極性ラベル
4. フレーズ

図5.4 フレーズ分類のラベル付けのスクリーンショット

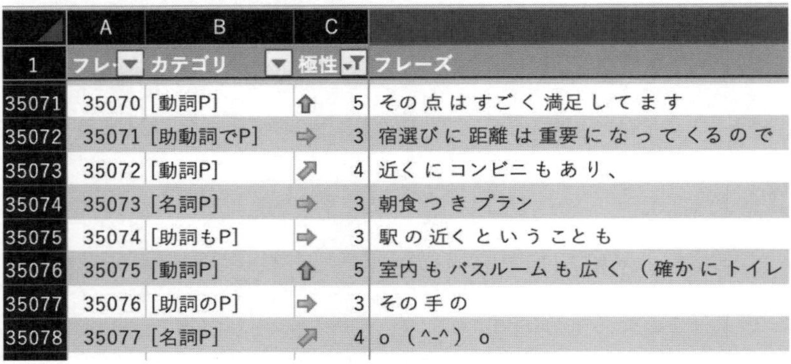

	A	B	C	
1	フレ・	カテゴリ	極性	フレーズ
35071	35070	[動詞P]	⬆ 5	その 点 は すごく 満足 してます
35072	35071	[助動詞でP]	➡ 3	宿選び に 距離 は 重要 に なって くる ので
35073	35072	[動詞P]	↗ 4	近く に コンビニ も あり、
35074	35073	[名詞P]	➡ 3	朝食つき プラン
35075	35074	[助詞も P]	➡ 3	駅 の 近く という ことも
35076	35075	[動詞P]	⬆ 5	室内 も バスルーム も 広く（確かに トイレ
35077	35076	[助詞のP]	➡ 3	その 手 の
35078	35077	[名詞P]	↗ 4	o （ ^-^ ） o

IDは情報としては必須ではありませんが、管理のためにつけておいたほうがよいメタ情報です。事例について議論する場合も、呼びやすいIDがあると議論しやすいです。あとでデータを整理・整形したい場合も、ユニークなIDが割り当てられていると処理しやすいですが、そのようなメタ情報がないと元のデータを復元することが困難であったりします。ラベル付け対象のテキストだけあればよいではないか、余分な情報が見えると邪魔だ、と文だけ抽出してラベル付けをする人がときどきいますが、あとからIDを付与するのは手間がかかりますし、メタ情報を邪魔にならないようにするのはアノテーションツール側の問題で、スプレッドシートでラベル付けする場合は非表示にしたり、幅を狭めたりすればよいので、IDは付与しましょう。

メタ情報としてのカテゴリは、今回のラベル付けがフレーズに対するものなので、直接のラベル付け対象ではありませんが、補助情報として表示してあるものです。このカテゴリはCkylark[*37]という句構造解析器

[*37] https://github.com/odashi/ckylark

によって自動付与されたもので、このうに機械的な処理をしたラベルでも、人手判断の役に立つことがあります。

ラベルとして今回つける極性ラベ は、ラベル付けによって付与されるもので、どこに置いてもよいのですが、個人的には行頭に近いカラムに置くことをおすすめします。というのも、スプレッドシートだと行頭のカラムを固定表示することができますし、ラベルは（短い）固定長であるため、テキストとして長い文章が続く場合もラベル自体はずっと表示させておくと見やすいからです。また、ラベルはとりうる値が決まっているので、入力された値のチェックをするルールを書いておき、不正な値が入力されたら色を変えたり、そもそも入れられないようにしたりしておくと、意図しない操作を防ぐことができます。

フレーズはラベル付け対象となる文を表示するカラムです。折り返して全体を表示するようにすることもできます。逆に、文の長さが大きく異なる場合、折り返すと行数が変わってしまうので、折り返し表示にしないほうがよいかもしれません。作業者がどれくらいの大きさのディスプレイで作業するかにも関係するので、どのようにするのが正解か、というのはケースバイケースで変わってきます。また、ラベル付けのときに手がかりになるような情報を入れておくと、ラベル付けが楽になることもあります。例えば、キーワードの部分のフォントの色を変えておくなど、その部分を特殊なラベルで囲んでおくと、見落としを減らすことができます[38]。

また、**コメント**という自由にコメントを書くことのできるカラムを用意することをおすすめします。ラベル付けをするときに迷った場合や、あるいはこのような理由でこうした、といったようなコメントを残すためのフィールドです。ラベル付けをしたその瞬間は記憶がフレッシュですが、数週間もすると自分がどうしてそのように判断したのかを思い出すことは困難です。一方、何か気がついた点があれば積極的にコメントに残しておくと、あとからコメントに何か書いた事例だけ抽出して議論したり、あるいは論文に入れるための事例を探したりすることができま

---

[38] Googleスプレッドシートであれば、GoogleスクリプトエディタからGoogle Apps Scriptを記述することで操作できます。

す。「よい事例」があれば、それはラベル付けマニュアルに入れること
ができ、論文に書くことができ、スライドまたはポスターにも入れるこ
とができるので、一石三鳥です。逆に言うと、そのような事例がほしい
と思ってから探すと、よい事例を見つけるのはとても大変なので、日頃
のラベル付けのときにメモしておいたほうがよいです。

■ 品質管理

　作業者1人だけでラベル付けをしても、そのラベル付けにどれくらい
信頼性があるのかわかりません[*39]。そこで、作業者2人に独立にラベル
付けをしてもらって、ラベル付けの信頼性をチェックしましょう。ラベ
ル付けの信頼性の検証のために、作業者Aと作業者Bの2人が作業した
結果に対して、CohenのKappaを計算してみましょう。

　まず、練習問題としてラベルがポジティブposかネガティブnegの2
値しかとらないとした場合の2値分類問題を考えます。50事例ラベル付
けして次のような結果が得られたとします。

A\B	pos	neg
pos	20	5
neg	10	15

　適合率や再現率を計算したときと同じように、作業者Aによるラベ
ルをシステム出力、作業者Bによるラベルを正解だとして、TP、FP、
FN、TNを用いて書くとそれぞれのセルは次のように示すことができ
ます。

A\B	pos	neg
pos	TP	FP
neg	FN	TN

[*39] 自分（のみ）がラベル付けを担当することも往々にしてありますが、そのラベル付けの
信頼性を担保するためには、自分以外の人にも検証してもらう必要があります。

この場合、p_0は作業者Aと作業者Bの結果の一致しているセルで計算するので、次のようになります。

$$p_0 = \frac{TP+TN}{TP+FP+FN+TN} = \frac{20+15}{50} = 0.7$$

一方、p_eの計算には、2人が偶然posとつける確率p_{pos}と、2人が偶然negとつける確率p_{neg}を計算します。まず、p_{pos}は作業者Aがposとつける確率と作業者Bがposとつける確率から計算されます。お互い独立にラベル付けをしているので、それぞれの確率の積になります。具体的には、次のようになります。

$$p_{pos} = \frac{TP+FP}{TP+FP+FN+TN} \times \frac{TP+FN}{TP+FP+FN+TN}$$
$$= 0.5 \times 0.6 = 0.3$$

同様にp_{neg}は作業者AがnegとつけるCプ確率と作業者Bがnegとつける確率から計算され、次のようになります。

$$p_{neg} = \frac{FN+TN}{TP+FP+FN+TN} \times \frac{FP+TN}{TP+FP+FN+TN}$$
$$= 0.5 \times 0.4 = 0.2$$

いまラベルはposとnegの2つしかないので、偶然作業者2人のラベル付けが一致する確率は、p_{pos}とp_{neg}の和です。これが、p_eそのものです。

$$p_e = p_{pos} + p_{neg} = 0.3 + 0.2 = 0.5$$

これで、CohenのKappaの計算に必要なp_0とp_eが求まりました。これらを用いてKappaを求めると、次のようになります。0.4という値は、5-2-1でも紹介したように、普通（Fair）の一致率です。

$$\kappa = \frac{p_0 - p_e}{1 - p_e} = \frac{0.7 - 0.5}{1 - 0.5} = 0.4$$

さて、次の練習問題として、今回はポジティブ、ネガティブの他にニュートラルneuもある3値分類のタスクをやってみましょう。同様に50事例ラベル付けした場合の混同行列は、例えば次のようになります。

A\B	pos	neu	neg
pos	8	12	6
neu	2	4	0
neg	2	4	12

3クラスの場合も、p_oは作業者Aと作業者Bでラベルが一致している部分なので、2クラスの場合と同じく、対角線です。それぞれのラベルが（pos, pos）、（neu, neu）、（neg, neg）となっているセルの数字の合計と、セル全体の数字の合計（8＋12＋6＋2＋4＋0＋2＋4＋12＝50）から、次のように計算できます。

$$p_o = \frac{8+4+12}{50} = 0.48$$

一方、p_eの計算には、2人が偶然posとつける確率p_{pos}と2人が偶然negとつける確率p_{neg}に加えて、2人が偶然neuとつける確率p_{neu}も計算します。p_{pos}の計算は、それぞれ縦と横に作業者Aがposのラベルをつけた数と作業者Bがposのラベルをつけた数を集計して計算します。

$$p_{pos} = \frac{8+12+6}{50} \times \frac{8+2+2}{50} = 0.52 \times 0.24 = 0.1248$$

同様にp_{neu}とp_{neg}も計算します。p_{neu}は作業者Aと作業者Bがそれぞれneuのラベルをつけた行・列から計算し、p_{neg}は作業者Aと作業者Bがそれぞれnegのラベルをつけた行・列から計算します。

$$p_{neu} = \frac{2+4+0}{50} \times \frac{12+4+4}{50} = 0.12 \times 0.40 = 0.0480$$

$$p_{neg} = \frac{2+4+12}{50} \times \frac{6+0+12}{50} = 0.36 \times 0.36 = 0.1188$$

これらを使ってp_eを計算すると、次のようになります。

$$p_e = p_{pos} + p_{neu} + p_{neg} = 0.1248 + 0.0480 + 0.1188 = 0.3024$$

従って、2クラスの場合と同様にCohenのKappaを求めると、次のようになります。この場合も0.25で、普通（Fair）の一致率だったということです。

$$\kappa = \frac{p_o - p_e}{1 - p_e} = \frac{0.4800 - 0.3024}{1 - 0.3024} = 0.2546$$

実際には分類タスクでKappaが0.25〜0.40（普通の一致）だと、そもそもこのタスクがそこそこ難しいタスクである、という可能性もありますが、大体においてはまだ仕様がしっかり固まっていない場合にそうなるケースが多いです。そこで、不一致であった事例を見て仕様を詰める段階にある、と考えて、もう一度仕様やツールの検討をしてから再度一致率を測ったほうがよいです。この場合に注意すべきなのは、お互いのラベル付けを突き合わせてラベルをすり合わせたあとのラベルで一致率を測っても、未知のデータにおける真の一致率を測ったことにならないので、データの信頼性を示すためには未知のデータを用いて一致率を計算し直すことがある、ということです。

とはいえ、作業者間ですり合わせたあとの一致率はまったく意味がないということではありません。作業者間ですり合わせても一致しないような場合は問題が難しすぎる（ラベル付けで解けるようなタスクになっていない）ことがあります。実験全体のデザインやラベル付けの実現可能性が疑われる場合は、すり合わせたあとの一致率がそもそも低すぎないかどうか、ということを確認することで、チェックすることができます。

5-7 まとめ

本節では辞書とコーパスという主な言語資源について扱いました。言語資源の入手方法や配慮すべき点、そして構築方法について解説しました。構築した言語資源の継続的な改善についても触れ、品質管理の方法について学びました。

アノテーションの方法について詳しく解説した和書はあまり見当たりませんが、『自然言語処理〔三訂版〕』（放送大学教育振興会, 2023）は言語資源に関する話題が2章分とってあり、丁寧に解説されています。文字コードの取り扱いも含め、重要だがあまり取り上げられていないトピックも広く含まれているので、教科書としてダントツでおすすめです。

練習問題

1. 「データの著作権に配慮すれば、どんなデータをどんな目的で用いてもかまわない」は真でしょうか。

2. 「言語資源の質を定量的に測る方法はない」は真でしょうか。

3. クラウドソーシングを用いるときに気をつけるべき点を3つ挙げてください。

参考文献

自然言語処理に関する最新の情報は基本的には英語で書かれることが多いので、最先端の研究をするときには英語で情報収集することを避けて通れないのですが、本書は必ずしも最先端の研究を追いかけることは目指していないので、日本語で読むことのできるポインタをいくつか記しておきます。

2024年現在は、英語で論文を読むのではなく、DeepL[*1]やGoogle翻訳[*2]を活用して日本語で読むこともできますし、Readable[*3]というようなPDFを丸ごと翻訳することのできるサービスもあります。また、ChatGPT[*4]のように文書の内容を簡単にまとめてくれるサービスも登場しています。細かい部分は原文を当たらないとわからないかもしれませんが、そもそも読むべき価値がある論文かどうか、ということを判断するために、これらの翻訳サービスや要約サービスを使うのも一つの手でしょう。

ちなみに、深層学習以前は企業のソフトウェアエンジニアの方々から「国際会議の論文は最新の手法が発表されるのはわかるのですが、その中にはまだ定評のないものも混じっています。日本国内の学会でも紹介されたりして、定番の手法になっているようなもののほうが、我々としてはありがたいのです」と教えていただいたこともありますが、深層学習以降は何もかものサイクルが早くなってしまった気がします。出版された本だけではなく、優れた解説記事やスライドもありますので、学会やセミナーのチュートリアル資料も参考になります。

教科書

1. 黒橋禎夫（2023）『自然言語処理〔三訂版〕』，放送大学教育振興会

自然言語処理の教科書として定番です。過去から現在に至るまでの自然言語処理の主要なタスクやアルゴリズムが網羅されています。2015年に出版された初版には深層学習の話題が入っていませんでしたが、2019年に改訂されることで

---

*1　https://www.deepl.com/translator
*2　https://translate.google.com/
*3　https://readable.jp/
*4　https://chat.openai.com/

深層学習についてのトピックも入りました。2023年に三訂版となってニューラル自然言語処理部分が拡充されました。特に教科書として重要なのは文字コードの話で、言語資源に関する章も2つ入っていて、深層学習時代にこそ必要な基礎知識が網羅されています。

迷ったらまずこの一冊を読みましょう。

2. 岡﨑直観, 荒瀬由紀, 鈴木潤, 鶴岡慶雅, 宮尾祐介 (2022)
『IT Text 自然言語処理の基礎』, オーム社

深層学習時代に対応した待望の教科書です。冒頭は自然言語処理および自然言語処理に登場する機械学習の基礎がコンパクトにまとまっており、そのあと前半は深層学習を用いた自然言語処理の理論的な解説です。先ほどの『自然言語処理〔三訂版〕』と並び、自然言語処理の研究開発をしたい人が読む決定版と呼んでもよい教科書です。これ1冊を読んだあとは、実装は他書やWebサイトで補えば、すぐ開発にとりかかることができます。本書はこの本の次くらいに読むとちょうどよいです。

3. 奥野陽, グラム・ニュービッグ, 萩原正人 著, 小町守 監修 (2016)
『自然言語処理の基本と技術』, 翔泳社

本書がソフトウェアエンジニア向けの自然言語処理の教科書とすると、こちらは非ソフトウェアエンジニア向けの自然言語処理の入門書です。この本にはプログラムは一切登場しませんし、数式もほとんど出てきませんが、世の中で使われている自然言語処理の主要なアプリケーションが網羅されています。それぞれのアプリケーションの開発の裏側に関するこぼれ話も随所に散りばめられているので、読み物として楽しめるのではないかと思います。深層学習が広まる前に書かれた本なので、取り上げているトピックでは機械翻訳が大きく変わりましたが、それ以外は今でも通用する内容です。

4. Sowmya Vajjala, Bodhisattwa Majumder, Anuj Gupta,
Harshit Surana 著, 中山光樹 訳 (2022)
『実践 自然言語処理—実世界NLPアプリケーション開発のベストプラクティス』, オライリージャパン

開発サイクルを意識して自然言語処理について紹介する、という構成が本書と立ち位置が似ている本です。取り上げられているアプリケーションがたくさんあり、分量もあるので、個々のアプリケーションについて知りたい場合、本書

の次に読むとよいでしょう。

5. 萩原正人, Paul O'Leary McCann (2023)
『入門日本語自然言語処理』, Leanpub

『自然言語処理の基本と技術』を書いた萩原さんが日本語処理について書いた、信頼できる入門書です。深層学習ベースでそれぞれの手法の実装も紹介されていて、動かしながら学ぶこともできます。日本語入力のように、他の伝統的な自然言語処理の教科書では取り上げられなくても、人気のあるアプリケーションを紹介しているのが特色です（ちなみに『自然言語処理の基本と技術』も、日本語入力に1章分割いています）。2024年現在、全体の6割が完成しているようです（一応すべての章は揃っています）。

機械学習（理論）

1. 高村大也 著, 奥村学 監修 (2010)
『言語処理のための機械学習入門』, コロナ社

自然言語処理の教科書や論文を読むために必要な機械学習の基礎知識について学ぶことができる入門書です。自然言語処理における機械学習のために必要な数学の基礎についても丁寧に解説されているので、いわゆる文系の人でもこの本を読めば必要な知識はカバーされるようにできています（独習可能です）。深層学習の登場以前に出版された本なので、深層学習に関する話は出てこないのですが、必要な基礎知識は特に変わらないので、論文を読みたい人はこちらの本を読むことをおすすめします。

2. 坪井祐太, 海野裕也, 鈴木潤 (2017)
『深層学習による自然言語処理』, 講談社

深層学習が自然言語処理に入ってきて一段落したあたりで書かれた本です。2018年に登場したTransformerやそれを用いたBERTの話などは入っていませんが、自然言語処理における深層学習の基礎（理論）を勉強する、という意味では、今でもこの本以上の和書は出ていないように思います。この本はソースコードを見て動かしながら理解を深める、というような本ではなく、ちょうど論文を読むときどのようなことを意識しながら読むか、というのを丁寧に解説してくれているような本です。当時の最先端の研究成果も言及されていて、研究をしたいという人にはその時代の息遣いも含めてぜひ読むべき本の1冊だと思います。

3. 斎藤康毅 (2018)『ゼロから作る Deep Learning ❷』, オライリージャパン

深層学習のフレームワークに頼ることなくゼロから実装することで、中で何を
やっているのか理解する、というコンセプトで書かれた本の2冊目です。前後の
1冊目と3冊目も合わせて何回か (手を動かしながら) 読むと内容がスムーズに
理解できる、というような作りになっています。理論的な解説は『深層学習によ
る自然言語処理』のほうが詳しいですが、フレームワークの使い方は自分で調べ
ればわかる、という人には、このように自らフレームワークを作る、という本
が楽しめると思います。

4. 岡野原大輔 (2022)『ディープラーニングを支える技術
　　——「正解」を導くメカニズム』, 技術評論社

『深層学習による自然言語処理』は自然言語処理と深層学習の黎明期に出版され
た記念碑的な本でしたが、こちらは Transformer 登場後に書かれた入門書で、
最先端の技術を理解するために必要な内容を逆算して解説しているので、とて
も効率よく勉強することができます。自然言語処理における深層学習の発展の
歴史としては、word2vec や GloVe といった単語分散表現の学習というのは1つ
の大きなトピックなのですが、この本は Transformer 以降にフォーカスを置い
ているので、その部分はごっそり抜けています (『深層学習による自然言語処理』
と『ゼロから作る Deep Learning ❷』が詳しいです)。

機械学習 (実践)

1. Sebastian Raschka, Yuxi (Hayden) Liu, Vahid Mirjalili 著,
　株式会社クイープ 訳, 福島真太朗 監修 (2022)
　『Python 機械学習プログラミング PyTorch & scikit-learn 編』, インプレス

Python を用いた機械学習のプログラミングについての書籍です。本の中に出てく
るコードはすべて Jupyter Notebook 形式で配布されているので、Google Colab な
どで実行することが可能です。この本のよいところは、単に上から天下り的に実行
すれば結果が出ますよ、というような解説ではなく、それぞれのコードの意味や理
論的な背景についても解説されているところです。また、この本は機械学習の実
践に必要な細かいテクニックについても (場合によっては訳註として) ふんだんに
解説されているので、実装をするという観点からも参考になります。

2. 鈴木正敏, 山田康輔, 李凌寒 著, 山田育矢 監修／著 (2023)
『大規模言語モデル入門』, 技術評論社

最新の大規模言語モデルの理論と実践を両方取り入れたバランスよい良書です。
特に前半の第2〜4章は2024年現在までの大規模言語モデルの解説としては一番
よくまとまっています。プログラムも Google Colab で動作するコードが配布さ
れていて、いたれりつくせりです。この分野は進展が速いのですが、Google
Colab もしっかりメンテナンスされているようです。

3. 中山光樹 (2020)『機械学習・深層学習による自然言語処理入門』, マイナビ出版

機械学習や自然言語処理の基礎的な部分から、全体のパイプラインを丁寧に解
説してある本です。数式は少なめで理論的な解説もあまりないのですが、コー
ドがちゃんと示されているので、動かしながら理解したい、という人にはちょ
うどよい本です。『Python 機械学習プログラミング PyTorch & scikit-learn 編』
とは若干異なり、scikit-learn と TensorFlow をベースに書かれています。実際に
開発で自然言語処理システムを作るならこういう感じだな、というのがよくわ
かります。

4. 有賀康顕, 中山心太, 西林孝 (2021)『仕事ではじめる機械学習 第2版』,
オライリージャパン

機械学習と銘打っている本ですが、機械学習を必ずしも使うべきではない、と
いう話がしっかり書かれていたり、ちゃんと効果を検証する、というような機
械学習の開発サイクルが丁寧に書かれていて、他の本では学べないようなこと
がふんだんに解説されている良書です。こういう本の自然言語処理版が作りた
い、というのが本書を執筆する動機の一つでした。

各論・アプリケーション

1. 石野亜耶, 小早川健, 坂地泰紀, 嶋田和孝, 吉田光男 著, 榊剛史 編著 (2022)
『Python ではじめるテキストアナリティクス入門』, 講談社

本書は実際の分析に用いるコードはあえて本の中には書かなかったのですが、
こちらの本は基礎から応用まで Python を用いてテキスト分析を行う手法が具体
的に書かれています。この分野は進展が早いので内容がすぐに古くなってしま
うかもしれませんが、本のサポートページから動作するソースコードが公開さ
れているので、安心して読むことができるのが利点です。

2. 山本和英 (2021)『テキスト処理の要素技術』, 近代科学社

「深層学習」以降に出版された本ですが、本書同様、必ずしも深層学習に特化した内容を説明するのではなく、実践的な内容について解説されています。他の書籍では省略されがちな前処理の話に1章分割かれていたり、何気なく使われているアルゴリズムを丁寧に紹介したりと、類書にはない話が満載です。

3. 工藤拓 (2018)『形態素解析の理論と実装』, 近代科学社

実用的な形態素解析に関するあらゆる話題が網羅された本です。アルゴリズムはもちろんのこと、辞書やコーパスに関する比較に加え、実装や評価に関する注意点もふんだんに書かれているので、開発に関する人は一読をおすすめします。文字コードの話も1章を使って取り上げているのは、この本以外には『自然言語処理〔三訂版〕』くらいですが、こちらの本のほうが実装も含めて詳しく書かれています。

関連論文

第1章

1. **Karthik Raghunathan, Heeyoung Lee, Sudarshan Rangarajan, Nathanael Chambers, Mihai Surdeanu, Dan Jurafsky, Christopher Manning (2010)「A Multi-Pass Sieve for Coreference Resolution」, EMNLP**

   ルールベースの共参照解析のアルゴリズムに関する論文です。CoNLL 2011の共参照解析の共通タスクでトップの成績を収めたものです。当時はすでに機械学習全盛時代だったのですが、ルールベースでトップだというので強く印象に残った研究です。ちなみにCoNLL（コヌルもしくはコーヌル；Conference on Natural Language Learning）は自然言語処理分野の伝統ある国際会議の1つで、コンペティション形式で開催される共通タスクと、査読のあるリサーチペーパーのトラックがあり、リサーチペーパーのほうにはおもしろい論文がよく投稿されています。

2. **David Yarowsky (1995)「Unsupervised Word Sense Disambiguation Rivaling Supervised Methods」, ACL**

   教師なし学習で教師あり学習に匹敵する精度の語義曖昧性解消ができる、という古典の論文です。同一文書内では多義語でもそのうちの1つの語義しか出てこない、という"one sense per discourse"と呼ばれる仮定を置くことで、語義曖昧性タスクを解けるということを示しました。タスクの性質をうまく使うことのお手本とも言えます。

3. **Michael Collins, Yoram Singer (1999)「Unsupervised Models for Named Entity Classification」, EMNLP**

   訓練事例を用いないという意味での教師なしの固有表現認識手法ですが、適合率の高いルール（素性）を定義して共訓練（co-training）によってタスクを解く、というアプローチです。共訓練は素性を2つのグループに分割し、相互反復的に学習していく半教師あり学習のアルゴリズムです。どのように素性を分割するのかという議論もあり、タスクに応じたアルゴリズムの設計の重要性がわかる古典の論文です。

4. Mike Mintz, Steven Bills, Rion Snow, Dan Jurafsky (2009)「Distant supervision for relation extraction without labeled data」, ACL

遠距離教師あり学習の基本論文です。古き良き時代の情報抽出の研究の延長線上にあり、今でも論文として読んで参考になる点があります（しっかり人手でも評価しているところなど）。StanfordのNLPグループは実用的にも有用でおもしろい研究をよく出していて、こういう研究がしたいと常日頃思っています。また、これに限らずStanfordのNLPグループは、論文の書き方が参考になることが多いので、Google Scholarで著者を登録して読んだりしています（arXivで論文を読もうとしても、数が多すぎて読みきれないので、著者でアラートを設定して、新しい論文の通知がきたら読むようにしています）。

5. Jean Carletta (1996)「Assessing Agreement on Classification Tasks: The Kappa Statistic」, Computational Linguistics

自然言語処理でアノテーションの一致率を議論するときによく参照される論文です。単純にアノテーション同士を比較した一致率ではなぜいけないのか、ということの議論を含め、問題提起とそれに対する解決策の提案、という論文の「型」が示されていて、短いながらも優れた論文です。2000年代くらいまではあまり手法間の統計的有意差やアノテーションの一致率を議論しない牧歌的な感じでしたが（統計的に有意かどうかを調べるまでもなく、10ポイント以上精度がよくなった、というような研究も多かったせいですが）、2010年代ごろには統計的有意差や一致率は報告するのが普通になりました。一方、深層学習時代になると、シードによるモデルの性能差が大きく、たまたまよいシードを引き当てたモデルで統計的有意差を比較しても意味がないという認識になってきて、それよりは複数のシードのモデルを回して平均や分散を報告したり、多くのタスクで評価した結果を載せたり、というような時代になってきているのを感じます。ちなみにComputational Linguisticsは自然言語処理分野のトップジャーナルで、私も一度は論文を投稿してみたいと思っています（査読にかかる時間が長いので、最近はTACL（Transactions of Association for Computational Linguistics）という査読期間が短いメジャー論文誌のほうに投稿してます）。

6. Thorsten Brants, Ashok C. Popat, Peng Xu, Franz J. Och, Jeffrey Dean (2007)「Large Language Models in Machine Translation」, EMNLP

統計的機械翻訳時代の「大規模言語モデル」の効果について報告した論文です。単語nグラム言語モデルに単純なバックオフ（高次のnグラムを低次のnグラム

で補間する手法）を使うことで、訓練データはあればあるほどよい、という事実を示しました。これに限らず、データがたくさんあれば凝った手法にせずに仕組みは単純にしたほうがよい、というのは多くの場合で共通するパターンです。ちなみにEMNLPは自然言語処理のトップカンファレンスの1つですが、最初の6回はWorkshop on Very Large Corporaと呼ばれていました。近年の「大規模言語モデル（「大規模」って何やねん！）」みたいな感じですね。

7. Brown et al. (2020)「Language Models are Few-Shot Learners」, NeurIPS

現在のChatGPTなどにつながる基礎となったGPT-3の論文です。付録についているさまざまな事例が圧巻で、ChatGPTが普及した現在は当然に思えるかもしれませんが、プロンプトを用いて言語モデルを操作できる、というのはそれまでの自然言語処理にはなかったので、こんなことが可能なのか、と大変驚きました。たくさんの付録がついた論文もこの頃から増えてきた気がします。ちなみにGPT-2の論文、arXivでしか公開されておらず、論文ではできれば査読を通った論文をリファーしたいのですが、arXivをリファーするしかなくてときどき困ります。

8. Tomas Mikolov, Martin Karafiát, Lukás Burget, Jan Cernocký, Sanjeev Khudanpur (2010)「Recurrent neural network based language model」, Interspeech

言語モデルとしてリカレントニューラルネットワークが使えるということを示した論文です。訓練にかかるコストが非常に大きいので、誰もこんなことに挑戦しなかった（さまざまなトリックを工夫しないと実用的にできなかった）、ということでしょうが、一見無理だと思うことに挑戦したら活路が開ける、という素晴らしい研究です。ちなみに、Interspeechは音声系の国際会議で、入力メソッド関係の研究開発に興味があった時期によく読んでいましたが、音声系は国際会議より論文誌文化なので、詳しい話はお金を払って論文を買わないと読めない、ということもよくありました。

9. Ashish Vaswani, Noam Shazeer, Niki Parmar, Jakob Uszkoreit, Llion Jones, Aidan N. Gomez, Lukasz Kaiser, Illia Polosukhin (2017)「Attention is All You Need」, NeurIPS

現在の大規模言語モデルにつながるTransformerを提案した論文です。言語には上記のリカレントニューラルネットワークのような構造が向いているように

考えていましたが（そしてアテンションと組み合わせたエンコーダ・デコーダモデルが決定版のように当時は見えていましたが）、実は本質的にはアテンションが最も重要だった、ということを示した画期的な研究です。NeurIPS（ニューリップス；Conference on Neural Information Systems）は機械学習系のトップカンファレンスです（名前にニューラルと付きますが、必ずしもニューラルな話がメインではありません）。

10. **Jacob Devlin, Ming-Wei Chang, Kenton Lee, Kristina Toutanova (2019)「BERT: Pre-training of Deep Bidirectional Transformers for Language Understanding」, NAACL**

大規模な事前学習モデルの有用性を示した論文です。BERTが何を学習しているのか、ということに関する研究であるBERTologyと呼ばれる分野も誕生したくらい、明らかに自然言語処理の研究の仕方を変えた研究でした。ちなみにNAACL（ナクル、ナックルまたはナークル；North American Chapter of the Association for Computationa Linguistics）はACL、EMNLPと並ぶ自然言語処理のトップカンファレンス群の一角です。北米地域の研究者は、北米開催以外の国際会議に出席しない人もときどきいる（軍の研究費で研究しているので外に出られない、みたいな人もいます）ので、ACL傘下の国際会議のNAACL（北米）、EACL（ヨーロッパ）、AACL（アジア太平洋、できてまだ新しい）の中ではNAACLだけ別格です（ACLは毎年開催されますが、基本的にはこの3つの地域を順繰りに回ります。

第2章

1. **Richard Socher, Alex Perelygin, Jean Wu, Jason Chuang, Christopher D. Manning, Andrew Ng, Christopher Potts (2013)「Recursive Deep Models for Semantic Compositionality Over a Sentiment Treebank」, EMNLP**

Stanford Sentiment Treebank（SSTと略されることも多い）と呼ばれる英語の評価極性分析でよく使われるデータセットと、それを用いた深層学習モデルに関する論文です。再帰的な構造を用いて意味の構成性をモデル化するという、当時は斬新なアプローチでした。このデータ、元々は実数値でアノテーションされていて、それを5段階に離散化して使っています。人間のアノテーションの分布を見ると、極端なスコアはみんなつけないし、実数値でつけられるようにしても実際は飛び飛びの値を選択する人が多いね、という知見もあります。

2. 高村大也, 乾孝司, 奥村学 (2006)「スピンモデルによる単語の感情極性抽出」, 情報処理学会論文誌

単語のポジネガを自動で抽出するアルゴリズムに関する研究です。単語の極性を電子のスピン方向とみなし、スピン系でモデル化する (イジングスピンモデル)、という手法で、似ている単語は似ている極性を持つ、という直感をどのように自然言語処理のアルゴリズムとして定式化するか、という点で大変参考になる、現在でも読む価値のある興味深い論文です。ちなみに、日本語で自然言語処理の論文が発表されるのは主に電子情報通信学会論文誌 (D)、情報処理学会論文誌、言語処理学会論文誌 (名前は「自然言語処理」) の3つですが、電子情報通信学会の論文誌はオープンアクセスではないので、最近はめっきり投稿する人が減りました。情報処理学会の論文誌は、公開から2年を経過したものはオープンアクセスになりましたが、「自然言語処理」は出版時に最初からオープンアクセスになったので、こちらを選ぶ人が増えた印象です。

3. Jason D. M. Rennie, Lawrence Shih, Jaime Teevan, David R. Karger (2003)「Tackling the poor assumptions of naive bayes text classifiers」, ICML

Complementナイーブベイズに関する論文です。教科書に乗っているようなナイーブベイズでも少し工夫するだけで高い性能が得られる、ということを示しており、実装の簡単さと相まって、よい研究の見本と言える論文です (複雑な手法ではなく、シンプルな手法で課題を解決するのが見事)。深層学習以降は自然言語処理に関する重要論文がICML (機械学習系の国際会議) やKDD (データマイニング系の国際会議) で発表されることも多かったです (現在はNeurIPSやICLRであることが多い)。

4. 工藤拓, 松本裕治 (2000)「Support Vector Machine による日本語係り受け解析」, 情報処理学会自然言語処理研究会

SVMを用いた日本語係り受け解析の最初の発表です。情報処理学会論文誌にはさらに発展させた現在のCaboChaのベースとなっている研究が発表されているのですが、SVMをいろいろな自然言語処理タスクに適用し始めた時代のこちらの原稿のほうが、新しい技術をどのように自然言語処理の問題に適用していくのか、どのように (どこまで) 技術を紹介するのか、というような塩梅がわかってよいです。ちなみに、日本で年に複数回開催される査読なしの自然言語処理の発表の場としては情報処理学会自然言語処理研究会 (NL研：エヌエルけん)、電子情報通信学会言語理解とコミュニケーション研究会 (NLC)、人工知能学会

言語・音声理解と対話処理研究会 (SLUD) が御三家ですが、NLCとSLUDは
それぞれ自然言語処理の中でもそれぞれフォーカスが少し違い、自然言語処理
に関する話なら何でも、というのであればNL研です。

5. **Tomas Mikolov, Ilya Sutskever, Kai Chen, Greg Corrado, Jeffrey Dean (2013)「Distributed Representations of Words and Phrases and their Compositionality」, NeurIPS**

自然言語処理に深層学習が導入されるきっかけとなったword2vecと呼ばれる単
語ベクトルの表現学習に関する基本論文の1つです。シンプルな手法で学習した
単語ベクトルが構成性を持っている (king - man + woman = queen のような単
語ベクトルの演算ができる) ということが示されるだけでなく、実際さまざまな
タスクで有用であることもその後示され、記念碑的な研究となりました。その
後、理論的な解析も盛んになって、結果が先行して理論が後からついてくる、
という、科学史で出てくるような展開がリアルタイムで見られ、科学史・科学
哲学出身の私としてはとても刺激的な瞬間でした。

6. **Jeff Mitchell, Mirella Lapata (2008)「Vector-based Models of Semantic Composition」, ACL**

実は先ほどのような単語ベクトルの構成性の話を私が最初に見たのはこちらの
論文でした。博士論文の審査委員をお願いして日本に来ていただいていた
Patrick Pantel さん (当時 Yahoo! Labs と南カリフォルニア大学に所属) から「こ
の論文読んだ？」と質問され、それまでと違ってなぜこの論文がうまくいくの
か？ という話題があり、単語ベクトルの空間を高頻度の文脈語に絞っているか
らではないかということを当時は考えていたのですが、word2vecのように低次
元で密なベクトルを学習すればいいのか、ということが5年後にわかり、腑に落
ちたのでした。この共著者の1人のMirella Lapata さんはいつも先駆的な研究を
される人で、私は「著者推し」で論文を読んでます。

7. **Reo Hirao, Mio Arai, Hiroki Shimanaka, Satoru Katsumata, Mamoru Komachi (2020)「Automated Essay Scoring System for Nonnative Japanese Learners」, LREC**

GoodWriting Rater の開発に関する研究論文です。こちらの研究は GoodWriting
Rater と同様の素性を使ったロジスティック回帰手法に加え、深層学習ベースの
手法も比較しています。人手評価との一致率はBERTが最も高いのですが、シ

ステムとしての解釈可能性としてはロジスティック回帰を用いた手法のほうが優れている、ということで現在もGoodWriting Raterではロジスティック回帰のシステムが動いています。自然言語処理の専門の立場からは、専門家が複数人で議論して決めた仕様でアノテーションをしても、ものすごく評価が揺れる、ということを日本語教育が専門のみなさんに実感していただけたことが、一番重要な成果だと思っています。

8. Tharindu Ranasinghe, Constantin Orasan, Ruslan Mitkov (2020)「TransQuest: Translation Quality Estimation with Cross-lingual Transformers」, COLING

品質推定のTransQuestの論文です。2010年代後半は毎年新しいモデルが登場し、それをこれまで適用されていないタスクに適用するだけで最高性能を更新、という形で論文が量産されていた時期だったような記憶です。2020年代になると、深層学習分野がレッドオーシャン化し、早い者勝ちでどんどん研究が出る時代に突入したので、手が速い人が有利な世の中になったなと思っています。一方、大学で時間をかけて取り組むべき仕事とは何だろうか、ということも考えるようになりました。

9. Guillaume Lample, Alexis Conneau (2019)「Cross-lingual Language Model Pretraining」, NeurIPS

Meta (Facebook) の研究者らによるXLM-RoBERTaのXLM (cross-lingual language model) の部分の研究論文です。研究的にはBERTの多言語拡張をしたようなモデルになっているのですが、この2019年前後が多言語モデル時代の幕開けであったように思います。GAFAM規模のグローバル企業は英語を中心とした多言語の展開をしたい（特定の言語に対したチューニングは可能な限りしたくない）ので、こういう水平展開が可能になる技術の研究開発には強い動機がありますし、すぐに目が出ないとしてもおもしろい研究ができる可能性があると期待しています。

第3章

1. **Marti A. Hearst (1992)「Automatic Acquisition of Hyponym from Large Text Corpora」, COLING**

   情報抽出の古典中の古典で、"A such as B" のようなパターンで上位下位関係を抽出する、という（当時としては）画期的な研究です。この論文、どういうふうにパターンを見つければいいのか？ といったことも節を設けて議論しており、読み物としてもおもしろいです。英語のように語順に強い制約のある言語は割とこのようなパターンベースの手法がうまく行きます。一方、日本語では語順に英語ほどの強い制約がないため、係り受け解析のような解析をしたほうがよいことも多いです。

2. **山田寛康 (2007)「Shift-Reduce 法に基づく日本語固有表現抽出」, 情報処理学会自然言語処理研究会**

   日本語の固有表現抽出を SVM によって行う研究、Shift-Reduce 法という決定的なアルゴリズムで行う手法の論文です。固有表現認識で使われる IOB ラベル以外の符号化法や代表的なアルゴリズム、素性の例などがまとまっています。アルゴリズムの書き方や解析例の提示の仕方もわかりやすいです。ちなみに、この論文は情報処理学会山下記念研究賞を受賞していますが、山下記念研究賞は研究会での発表件数に応じて受賞件数が決まるシステムになっているそうで、最近は自然言語処理研究会（NL 研）の投稿件数が減って賞を出せる数が減ってきているそうです（1997-2010 年度は毎年 2 本推薦できていましたが、それ以降は毎年 1 本になっています）。言語処理学会年次大会に投稿したい人が多いのだろうなと思いますが、通年で開催される NL 研もぜひご活用ください。

3. **笹野遼平, 黒橋禎夫, 奥村学 (2014)「日本語形態素解析における未知語処理の一手法―既知語から派生した表記と未知オノマトペの処理―」, 自然言語処理**

   形態素解析で重要な処理の 1 つの未知語処理を丁寧に扱うとどうなるか、ということを示した研究です。それまでの形態素解析の発展のよいまとめになっているだけでなく、オノマトペ（擬音語や擬態語）を解析できるようにするために、どのようにラティスを拡張するか、といったアルゴリズムが順を追って説明されていて、大変わかりやすいです。改善幅は少しでも、既存の解析をほとんど悪化させることなく、これまで解析できなかった事例を解析できるようにした、というのは重要な仕事です。

4. 坪井祐太, 鹿島久嗣, 工藤拓 (2006)「言語処理における識別モデルの発展
　－HMMからCRFまで－」, 言語処理学会

系列ラベリングに使われる基本的な機械学習モデルに関するチュートリアル資
料です。生成モデルと識別モデルの違いがはっきりわかったのは、これを聞い
てからだったと記憶しています（私は当時修士2年生でした）。学会のチュート
リアルは、著名な著者陣が最先端の内容を噛み砕いて説明してくれる素晴らし
い内容になっていることが多いので、新しい技術について学ぶ際には最初に当
たると効率よく全体像を知ることができます。

5. Naoki Yoshikaga (2023)「Back to Patterns: Efficient Japanese Morphological
　Analysis with Feature-Sequence Trie」, ACL

パターンマッチで日本語の形態素解析をするという話で、それまでの日本語の
形態素解析の研究の経緯も含めて解説されている論文です。論文執筆の経緯を
含め、どのように考えてどういうスケジュールで実験や論文を書いたのか、と
いうのが「自然言語処理」の学会誌[*1]に掲載されていて、そちらも参考になりま
す。NTTの永田昌明さんが「50の手習いで実験しながら論文を書きました」と
講演されていたことがあり、シニアになっても第一線で研究するのはすごいな
と、吉永さんともども尊敬しています。

6. Taku Kudo (2018)「Subword Regularization: Improving Neural Network
　Translation Models with Multiple Subword Candidates」, ACL

サブワード化に関するもはや古典と言ってもよい論文です。Byte Pair Encoding
からユニグラム言語モデルに至るまでの経緯や計算量の話など、盛りだくさん
です。SentencePieceにいずれも実装されているので、使いやすいです。データ
構造とアルゴリズムの知識も自然言語処理の研究や開発をしているとときどき
出現するので、コンピュータサイエンスの基礎知識を一度身につけておくと、
論文が読みやすくなります（具体的には基本情報技術者試験や応用情報技術者試
験の内容です）。

---

*1　https://www.jstage.jst.go.jp/article/jnlp/30/4/30_1266/_article/-char/ja

7. 森信介，土屋雅稔，山地治，長尾真 (1999)「確率的モデルによる仮名漢字変換」，
情報処理学会論文誌

統計モデルを用いてかな漢字変換するアプローチを提案した論文です。日本語
入力はユーザ的観点からは人気のあるタスクなのですが，かな漢字変換部分だ
けを取り出すと枯れている技術であるせいか，あまり論文として発表されない
分野です。予測入力やユーザインタフェースなど，モバイルデバイスの登場の
ように新しいハードウェアが登場するとまだまだやるべきことはあると思いま
す。日本語入力に興味のある人は『日本語入力を支える技術—変わり続けるコン
ピュータと言葉の世界』(技術評論社, 2012) をご覧ください。

8. Graham Neubig, Yosuke Nakata, Shinsuke Mori (2011)「Pointwise Prediction
for Robust, Adaptable Japanese Morphological Analysis」, ACL-HLT

日本語の形態素解析に点推定を行うというアプローチの研究です。形態素解析
といえばラティスを構築して探索する，というのが定番だったので，こんな単
純な手法でも結構できるのか，というのは驚いたものですが，せっかく研究を
積み重ねてアルゴリズムが洗練されてきたのに，昔のナイーブなアルゴリズム
に逆行するのはいかがなものか，という声も聞かれたのを思い出します。メン
テナンス性まで含めると開発で使いやすいとは限らず，単純なアルゴリズムの
ほうが管理しやすい，ということは往々にしてあり得ますが，点推定によるア
プローチだと，単語分割結果の安定性が重要である検索の索引付けのような用
途には使いにくい，という問題もあり，開発的には点推定のほうが優れている，
と単純に言い切れるものでもないのです。

9. Kostiantyn Omelianchuk, Vitaliy Atrasevych, Artem Chernodub, Oleksandr
Skurzhanskyi (2020)「GECToR – Grammatical Error Correction: Tag, Not
Rewrite」, BEA

系列ラベリングモデルを用いて文法誤り訂正を行う手法についての論文です。
文法誤り訂正はCoNLLおよびBEAという国際会議の共通タスクに取り上げら
れたことで大きく研究が進みましたが，BEA 2019では深層学習を用いた手法が
主流になっていました。そのうえで，単に系列変換モデルを用いるのではなく，
ラベルを出すようなモデルにするとよい，ということを示した画期的な研究で
す。GECToRに関する招待講演を聞く機会があり，ちゃんと動かすためにさま
ざまな工夫をしていることがわかったので，彼らはがんばったんだなと感心し
ました。ちゃんとソースコードが公開されているのも素晴らしいです (進展の早

い分野なので、4年も経つと古びてしまっていますが)。

10. Felix Stahlberg, Shankar Kumar (2020)「Seq2Edits: Sequence Transduction Using Span-level Edit Operations」, EMNLP

系列編集モデルを提案した論文です。テキスト正規化、文融合、文分割・言い換え、テキスト平易化、文法誤り訂正といった5つのタスクで評価しています。既存の手法と比較して高速に動作し、編集を見ることで説明性も向上させることができる、というアプローチです。提案手法は必ずしも手法自体の精度が高いわけではないのですが、それまでと違うやり方で問題を解くような、その後に続く研究がたくさんありそうな研究が好きです。

第4章

1. Peter F. Brown, John Cocke, Stephen A. Della Pietra, Vincent J. Della Pietra, Fredrick Jelinek, John D. Lafferty, Robert L. Mercer, Paul S. Roossin (1990)「A statistical approach to machine translation」, Computational Linguistics

統計機械翻訳の古典中の古典です。言語現象をどのように単純化して統計的に扱うか、ということのお手本とも言える論文です。自然言語処理はときどき「発表された時点での精度はそんなに高くないけど、ものすごく後世にインパクトがあった」というような論文があり、これはそのうちの1つです。ちょうど私が大学院に入学した2005年当時、修士での最初の輪読会でこの論文を選んだものでした。しかし当時は統計的な知識も機械学習の知識も全然なかったので、まったく歯が立たなかったのを覚えています。現在はコロナ社から『機械翻訳』(2014) という本にまとまっているので、ニューラル機械翻訳以前の手法について知りたい人はこちらの本を読みましょう。

2. Philipp Koehn, Franz Josef Och, Daniel Marcu (2003)「Statistical Phrase-Based Translation」, HLT-NAACL

こちらはフレーズベースの統計的機械翻訳の金字塔となる古典の論文です。単語ベースの統計モデルをフレーズベースの統計モデルへと拡張するのですが、その過程で起きるいろいろな問題に対する解決策や、自然にわく疑問に先回りして答えている、すごく示唆に富む論文です。大学院に入る前は、言語学的なフレーズを使ったほうが統計的機械翻訳で役に立つのではないか、と思ってい

たのですが、言語学的なフレーズを使うと著しく精度が下がる、ということも報告しています。今となってはまったく同感ですが、もっと言語と統計を近づけようと思って自然言語処理の道に進んだので、衝撃的でした。

3. **Joseph Weizenbaum (1966)「ELIZA—A Computer Program For the Study of Natural Language Communication Between Man And Machine」, Communications of the ACM**

ELIZAという単純なチャットボットに関する古典的な論文です。ほぼ入力をおうむ返しに返す単純なアルゴリズム（WikipediaのELIZAの項目に疑似コードが書かれていますが、たった14行）なのですが、相手がチャットボットだと知らないと割と気がつかずにやり取りをできたりします。ちなみにこのCommunications of the ACMはACM（エーシーエム）という情報系最大級の国際学会（計算機学会）の学会誌で、もう1つの大きな国際学会はIEEE（アイトリプルイー）ですが、自然言語処理は伝統的にあまりACMにもIEEEにも近くなく、独自の学会組織・論文誌を持っています（文系・理系両方の人が混ざり合う学際的な領域なので、理工系の学会の枠組みでは扱いにくかったのかなと思いますが）。

4. **Hal Daumé III, Daniel Marcu (2002)「A Noisy Channel Model for Document Compression」, ACL**

抽出型の文書要約に統計的な手法を適用するという研究です。機械翻訳と同様にノイジーチャネルモデルを用いて定式化するのですが、文書要約ならではの問題の分解の仕方が見事です。特に、談話構造解析から構文解析を経て要約の生成に向かうところは、自然言語処理ならではの王道の感じがします。2009年にDaniel MarcuさんとKevin Knightさんからメールをもらい、カリフォルニアまで遊びにこないか、と言われて（旅費と宿泊費を出してくれたので）のこの行ったら、実は採用面接で「うちの会社に来てほしい」と誘われた、ということがありました。そのときDaniel Marcuさんから「夜寝て朝起きてもまだ前の日考えていた問題が頭の中にあるような、そういう集中した期間が必要なんだ。いつもは在宅勤務したり他のことをしたりしてもいいが、年に3ヵ月はこっちに来て集中して開発に没頭してほしい。楽しいことは保証する」と言われて、少し心が動きました。

5. Abigail See, Peter J. Liu, Christopher D. Manning (2017)「Get To The Point: Summarization with Pointer-Generator Networks」, ACL

抽象型のニューラル文書要約の古典です。文書要約は要約元に出現した単語を要約先でも使うことが多く、この提案手法ではPointer-Generator Networksというメカニズムによって、アテンションを用いて入力を出力にコピーする部分を作っていて、初めて知ったときは「よく考えたものだなあ」と思ったものです。また、ニューラル生成でありがちな同じ単語を重複して出力しがちな問題については、カバレージベクトルというベクトルを用意し、要約元のどの単語をすでに使ったか、ということを考慮して対処します（これ自身は彼らが初めて提案したモデルではありませんが）。

6. Sascha Rothe, Jonathan Mallinson, Eric Malmi, Sebastian Krause, Aliaksei Severyn (2021)「A Simple Recipe for Multilingual Grammatical Error Correction」, ACL

演習でも用いたcLang-8の構築およびそれを用いた多言語の文法誤り訂正に関する論文です。疑似データをきっちり作ったり、作成したデータの生成スクリプトを公開したり、ちゃんと成果をオープンにする姿勢に大変好感が持てます（ちなみに、cLang-8の作成のときには、一度問い合わせがありました）。言語資源を作成し、その言語資源を用いた最初のベースラインとなる結果を報告して分析する、というのは研究の1つの王道で、言語資源作成には手間暇がかかりますが、その重要性は強調してもし過ぎることはありません。

7. Sergey Brin, Lawrence Page (1998)「The Anatomy of a Large-Scale Hypertextual Web Search Engine」, Computer Networks and ISDN Systems

GoogleのPageRankの論文です。実はPageRankについて触れられている部分は一部で、大規模なWeb検索エンジンを作るためにはどういう構成にしなければならないか、ということが割と詳細に書かれています。システム開発について詳しく知りたければ『［Web開発者のための］大規模サービス技術入門—データ構造、メモリ、OS、DB、サーバ/インフラ』（技術評論社, 2010）、情報検索について詳しく知りたければ『情報検索の基礎』（共立出版, 2012）、PageRankについて深く知りたい人は『Google PageRankの数理—最強検索エンジンのランキング手法を求めて—』（共立出版, 2009）を次に読む本としておすすめします。

8. **Ilya Sutskever, Oriol Vinyals, Quoc V. Le (2014)「Sequence to Sequence Learning with Neural Networks」, NeurIPS**

エンコーダ・デコーダモデルを提案した記念碑的な論文です。手法は1ページに満たないような簡潔なモデルですし、当時の最高精度であった統計的な機械翻訳手法と比較しても精度は低いのですが、その後の機械翻訳がニューラルネットワークベースに染まっていくきっかけになった研究でした。Transformerの論文はその後の大規模言語モデルの発展につながる重要な論文だとは思いますが、初めて読んだときの衝撃はこちらの論文のほうが大きかったです。

9. **Kevin Knight, Jonathan Graehl (1997)「Machine Transliteration」, ACL**

外来語をどのように表記するのか、という翻字（transliteration）というタスクがあるのですが、それを確率モデル（重みつき有限状態トランスデューサ）を用いてモデル化する、というおもしろい研究です。例文にも日本語の翻字（ice creamがaisukuriimuと綴られる）の例がたくさんあり、日本語のわかる人にはより楽しめます。ノイジーチャネルモデルはいろいろなところに使うことができ、暗号解読にも使うことができます（Kevin Knightさんは暗号解読の専門家でもあります）。暗号解読に興味のある方は、『暗号解読』（新潮文庫, 2007）を読むと、暗号を作る側と解く側のイタチごっこと発展を追うことができて、大興奮できると思います。

10. **Akari Asai, Sewon Min, Zexuan Zhong, Danqi Chen (2023)「Retrieval-based Language Models and Applications」, ACL**

検索拡張生成に関するチュートリアル資料です。Transformerの登場以降、ものすごい勢いで研究分野が急拡大しており、arXivなどに投稿される論文を追い切ることが難しくなってきています。このように著名な国際会議などの学会がホストするチュートリアルがあると、安心して聴くことができるので助かります（あとは、信頼できる著者陣の書いたサーベイ論文も、とても有用です）。自然言語処理に関する論文のほとんどはACL Anthologyで無料公開されていますし、さらに2020年代以降はポスター資料や口頭発表資料、発表のビデオも公開されていたりすることがあるので、現地に行かないと聞けなかった時代からすると隔世の感です。

第5章

1. Eduard Hovy（2010）「Annotation」, ACL

アノテーションに関するスライド100枚を超えるチュートリアル資料です。本書でも取り上げているような、アノテーションを回すサイクルについてきちんと紹介してあります。実際にOntoNotesというコーパスを作成するときに、目標とするクオリティを定め、それに向けてサイクルを回していく、というやり方でコーパスを構築していくのですが、大規模なアノテーションはこのようにすべき、というのを示している貴重な文献です。

2. Rion Snow, Brendan O'Connor, Daniel Jurafsky, Andrew Ng（2008）「Cheap and Fast – But is it Good? Evaluating Non-Expert Annotations for Natural Language Tasks」, EMNLP

クラウドソーシングが使われるようになってきた初期の初期の研究で、とにかく安くて速い、というのは当時も知られていましたが、クオリティはどうなの？　という疑問に最初に答えた論文です。単にアノテーションをさせて比較するだけでなく、アノテータの質を考慮して重みづけするシンプルな手法も提案していたり、その後の研究につながるさまざまな貢献がありました。実はクラウドソーシングでもつけられるようなタスクに限定している（指示も工夫している）という点が、裏を読まないといけないポイントなのですが、それを差し引いてもその後のクラウドソーシング全盛時代を示唆する研究でした。

3. Rob van der Goot, Ibrahim Sharaf, Aizhan Imankulova, Ahmet Üstün, Marija Stepanović, Alan Ramponi, Siti Oryza Khairunnisa, Mamoru Komachi, Barbara Plank（2021）「From Masked Language Modeling to Translation: Non-English Auxiliary Tasks Improve Zero-shot Spoken Language Understanding」, NAACL

5-2で説明したスロットやインテント検出に関する論文です。多言語でデータを作ってマルチタスク学習を行なっているところが手法的なポイントなのですが、言語資源の構築についてはbratを用いてアノテーションをしました（筆者が日本語、そして東京都立大学の学生2人がそれぞれインドネシア語とロシア語のアノテーション）。そもそもこの共同研究自体は学生たちが海外の研究者たちとつながって誘われたものであり、若いうちからこうやって外に出ていくのは世界が広がっていいなと思っています。

4. **Mana Ashida, Mamoru Komachi (2022)「Towards Automatic Generation of Messages Countering Online Hate Speech and Microaggressions」, WOAH**

オンライン上のヘイトスピーチやマイクロアグレッション（無意識の偏見や思い込みによる言動で傷つけてしまうこと）を防ぐという目的で、自動的に差別的な発言がなくなるようなテキストを生成できないだろうか、ということに挑戦した研究です。GPT と Amazon Mechanical Turk を用いてデータのアノテーションを行なっています（どのように指示したのかも、論文に書いてあります）。作成したデータは GitHub にて公開しています。昔は自然言語処理分野は学生が卒業するとデータは散逸しがちでしたが、GitHub が一般的になってからは再現性に関しては改善したように思います。

5. **水本智也, 小町守, 永田昌明, 松本裕治 (2013)「日本語学習者の作文自動誤り訂正のための語学学習 SNS の添削ログからの知識獲得」, 人工知能学会論文誌**

Lang-8 と呼ばれる語学学習 SNS サイトから、言語学習者の投稿するブログ記事と、それに対する添削の対をスクレイピングして、自動誤り訂正のためのコーパス（NAIST Lang-8 学習者コーパス）として用いる、という手法の研究です。第三著者の永田さんが NTT コミュニケーション科学基礎研究所（CS 研）にいらして、NAIST から車で 15 分くらいだったので、共同で研究を進めました。共同研究前後の雑談も含め、最先端の研究についてポロッとキーワードを知ることができたり、研究者としての考え方を学ぶことができたり、広い心と長い目で育ててくださっていたなと感謝しております。ここから多くの研究テーマが派生していき、NAIST そして首都大が言語教育・言語学習支援の研究グループとして認知されるようになっていった研究です。また、Lang-8 を運営している喜さんとも何回かお会いし、サイトがこのような形になっているとデータが綺麗になって嬉しい、と伝えたらすぐ対応していただいたり、商用利用の枠組みを一緒に考えたりしたのはいい思い出です。

6. **大山浩美, 小町守, 松本裕治 (2016)「日本語学習者の作文における誤用タイプの階層的アノテーションに基づく機械学習による自動分類」, 自然言語処理**

日本語学習者の作文に対する添削データについて、誤用タイプを付与するというタスクを提案し、データを作成して実際に解いてみた、という研究です。実はこの論文が出るまでには 10 年かかっていますが、最初にどういう仕様でコーパスを作成すべきか、ということをしっかり決めて構築しないと、データができてから論文をどのように書こう、と思って書き始めてからデータの問題に気

がついても、再度やり直すことが難しくて論文も難産になってしまったりします。

7. 小山碧海, 喜友名朝視顕, 小林賢治, 新井美桜, 三田雅人, 岡照晃, 小町守 (2023)
「日本語文法誤り訂正のための誤用タグ付き評価コーパスの構築」, 自然言語処理

ベンチマークデータとして使えるような日本語学習者の誤用タグつきの評価コーパスを作成した研究です。NAIST誤用コーパスは作文用紙に日本語学習者が手書きで書いた文章のデータですが、こちらはLang-8から抽出したデータを用いています。どのような誤りがどれくらい訂正できる・できないのか、ということを分析するために、誤用タグ（ラベル）を付与しているところが特徴です。この研究、筆頭著者が東京都立大学の学部3年生の夏休みからスタートした研究です。毎週定例のミーティングをしながらアノテーション基準を決めたり、スクリプトや論文を書いたのはよい思い出です。

8. 中澤真人, 池田可奈子, 山田美知花, 吉村綾馬, 鈴木由衣, 小町守 (2018)「リビュー文書を対象とした句単位の日本語評価極性タグ付きコーパス」, 言語処理学会年次大会

こちらも東京都立大学の卒業研究の配属前（学部3年生）の「研究室インターンシップ」という機会を利用して、レビューにポジネガを付与してもらった研究です。ポイントとしては文単位ではなく、フレーズ単位でポジネガを付与しているところですが、フレーズの外側の文脈は見ないようにしてアノテーションをしたので、文脈によってはポジティブ、あるいは文脈によってはネガティブ、みたいなフレーズのアノテーションが、人によって揺れたのが印象的でした。

9. 大崎彩葉, 唐口翔平, 大迫拓矢, 佐々木俊哉, 北川善彬, 堺澤勇也, 小町守 (2016)「Twitter日本語形態素解析のためのコーパス構築」, 言語処理学会年次大会

X（旧Twitter）のポストに対して、ちゃんと形態素解析の評価ができるコーパスを作ろう、という研究です。こちらも東京都立大学の「研究室インターンシップ」で取り組んでもらった研究になります。Webテキストを使う醍醐味は、自分では到底書かないような表現も目の当たりにすることで、「世界は広いなぁ」と痛感するところです。あと、この研究に取り組んで予想外でおもしろかったのは、思ったより多くの方言がデータに含まれていたことで、データに対する先入観はよくないな、と認識を新たにしたのでした。

10. 飯田龍, 小町守, 井之上直也, 乾健太郎, 松本裕治 (2010)「述語項構造と照応関係のアノテーション : NAISTテキストコーパス構築の経験から」, 自然言語処理

NAISTテキストコーパスと呼ばれる日本語の述語項構造をアノテーションしたコーパスについての論文です。私が2005年にNAISTに入学したとき、その当時進行中であったNAISTテキストコーパスの構築プロジェクトに参加したのでした。アノテーションどころか自然言語処理も初めてだったのですが、アノテーションツールの使い方 (Tcl/Tkで書かれたツール) から仕様を決めるディスカッションまで、自然言語処理の研究の仕方を一から全部教わった貴重な経験でした。3番目の著者の井之上さんは私の後輩で、現在はJAISTで研究室を持たれています。井之上さんも文系出身で、言語現象を分析してデータを作る、というのが研究の不可分な要素としてある自然言語処理は、文系の人の興味やバックグラウンドが活きる分野だと思っています。

あとがき

　これが私の初めての単著となります。

　私が初めて原稿料をいただいて記事を書いたのは技術評論社の『Software Design』という雑誌でした。学部生のころ、Gentoo Linux の開発者として単発記事を3回寄稿し、オープンソースソフトウェア開発時代からお付き合いがあったので、ほぼ20年のときを経て今度は本を出すことができるというのは、嬉しいことです。

　執筆中に起きた一番大きな出来事は深層学習の予想以上に速い進展と浸透です。2021年時点では「そろそろ深層学習が落ち着いて、本にまとめるのにちょうどいい頃合いかな」と思っていたのですが、2022年後半にChatGPTが登場し、2023年3月には言語処理学会年次大会で「ChatGPTで自然言語処理は終わるのか？」という緊急セッションが開かれるほどでした。それに合わせて、全体的に内容を見直しました。「教科書」的に落ち着くタイミングがいつになるのかわかりませんが、これほど短期間に状況が変わるのも珍しく、稀有な時代を生きることができて幸運に思っています。20年後くらいにまたこの時期を振り返ってみたいです。

　私は2005年に奈良先端科学技術大学院大学の情報科学研究科に入学し、2007年に修士論文を提出して修士号を取得するのですが、修士論文を書いている最中に当時長岡技術科学大学の准教授だった山本和英先生から、以下のようなメッセージをいただきました。

> 　修士論文と博士論文は単著で書く論文で、研究者と言えど単著で論文や書籍を書くのはキャリアの中でだいぶ先のことだろうから、修論は大事にしてください。共著で書く論文誌や国際会議の論文と違い、自分自身の作品なので、指導教員のコメントであろうと、自分が納得できないものは変える必要はないのです。

　大学教員になってからも何回か単著や共著で本を書くお誘いは受けたのですが、（当時は時間不足だと思ったこともありましたが、今考えてみると）力不足で書けない、ということが続き、ようやく山本先生からいただいた「宿

題」にとりかかることができて、ホッとしています。

　とはいえ、本を書くのは想像通り困難で、予定していたペースで執筆ができない、ということがしばしば起きました。私にとっては2023年は都立大から一橋大に移り、1年間ケンブリッジ大学に滞在して家族での初の海外生活を送る、とライフイベントが目白押しです。技術評論社の中山みづきさんには2021年5月からずっと忍耐強くお付き合いいただき、本当に感謝しております。本書は中山さんがいらっしゃらなければ、日の目を見ることはなかったでしょう。ありがとうございました。

　高校生のとき、ふと立ち寄った本屋で購入したハードカバーの中島義道『哲学の教科書』（講談社, 2001）に触発され、哲学を勉強しよう、と思ったのが、私が大学で哲学専攻に入ることにしたきっかけでした。その後、研究として私は哲学に取り組んでいませんが、本書も、自然言語処理について知りたいなと思った人が自然言語処理をやってみよう、というきっかけになると嬉しいです。

　小3（イギリス的には9月から Year 5）と4歳の娘たちは、英語がまったくわからないながらも、小学校と保育園にそれぞれ楽しく通っているようです。日本での職場（研究室や事務室）にはちょくちょく連れてきていたのですが、私は家ではほとんど仕事しないので、父がどんなことをしているのかまだわからないようです。彼女たちが大きくなったとき、本書のあとがきを開いてここを見つけてくれるといいなと思っています。パパは本を書いているんだよ。きみたちが生まれる前、ママとも出会うずっと前、高校生の頃からやりたかったことで、30年かかったけど、書くことができたよ。夢は叶うかもしれないし、叶わないかもしれないけど、きみたちも、子どもの頃にやりたかったこと、大事にとっておいてね。

2024年1月

イギリス・ケンブリッジにて

228

索 引

索 引

小町守（こまち　まもる）

2005年東京大学教養学部基礎科学科科学史科学哲学分科卒業。2010年奈良先端科学技術大学院大学情報科学研究科博士後期課程修了。博士（工学）。在学中、Microsoft ResearchやAppleなどで研究開発に携わる。同年奈良先端大助教、2013年首都大学東京（現東京都立大学）システムデザイン学部准教授および教授を経て、2023年より一橋大学大学院ソーシャル・データサイエンス研究科教授。2023〜2024年ケンブリッジ大学客員研究員。最近は深層学習を用いた自然言語処理の研究に取り組んでいる。『自然言語処理の基本と技術』(翔泳社，2016）監修。

- 装丁
  末吉亮（図工ファイブ）
- 本文デザイン・DTP
  BUCH⁺
- 担当
  中山 みづき

自然言語処理の教科書

2024年 6月 6日　初版　第1刷　発行
2024年 8月15日　初版　第2刷　発行

著　者	小町 守
発行者	片岡 巌
発行所	株式会社技術評論社 東京都新宿区市谷左内町 21-13 電話　03-3513-6150　販売促進部 　　　03-3513-6177　第5編集部
印刷／製本	日経印刷株式会社

定価はカバーに表示してあります。

本書の一部または全部を著作権法の定める範囲を超え、無断で複写、複製、転載、テープ化、ファイルに落とすことを禁じます。

造本には細心の注意を払っておりますが、万一、乱丁（ページの乱れ）や落丁（ページの抜け）がございましたら、小社販売促進部までお送りください。送料小社負担にてお取り替えいたします。

ISBN 978-4-297-13863-9 C3055
Printed in Japan

本書の内容に関するご質問は、下記の宛先までFAXまたは書面にてお送りください。書籍Webページでも、問い合わせフォームを用意しております。
電話によるご質問、および本書の範囲を超える事柄についてのお問い合わせにはお答えできませんので、あらかじめご了承ください。
なお、ご質問の際に記載いただいた個人情報は、ご質問の返答以外の目的には使用いたしません。また、ご質問の返答後は速やかに破棄させていただきます。

〒162-0846
東京都新宿区市谷左内町 21-13
株式会社技術評論社第5編集部
「自然言語処理の教科書」係

FAX：03-3513-6173
Web：https://gihyo.jp/book/2024/
　　　978-4-297-13863-9